U0649332

中华人民共和国行业标准

公路桥涵地基与基础设计规范

Specifications for Design of Foundation of Highway Bridges and Culverts

JTG 3363—2019

主编单位：中交公路规划设计院有限公司

批准部门：中华人民共和国交通运输部

实施日期：2020 年 04 月 01 日

人民交通出版社股份有限公司

北 京

律 师 声 明

　　本书所有文字、数据、图像、版式设计、插图等均受中华人民共和国宪法和著作权法保护。未经人民交通出版社股份有限公司同意，任何单位、组织、个人不得以任何方式对本作品进行全部或局部的复制、转载、出版或变相出版。

　　本书封面贴有配数字资源的正版图书二维码，扫描二维码后关注"交通社公路中心"公众号，可获得更多数字资源。本书扉页前加印有人民交通出版社股份有限公司专用防伪纸。任何侵犯本书权益的行为，人民交通出版社股份有限公司将依法追究其法律责任。

　　有奖举报电话：(010) 85285150

北京市星河律师事务所

2020 年 6 月 30 日

图书在版编目（CIP）数据

公路桥涵地基与基础设计规范：JTG 3363—2019 /
中交公路规划设计院有限公司主编. — 北京：人民交通
出版社股份有限公司，2020. 1
　　ISBN 978-7-114-16223-7

　　Ⅰ. ①公… Ⅱ. ①中… Ⅲ. ①公路桥—桥涵工程—地
基—设计规范—中国 Ⅳ. ①U448. 143. 1-65

中国版本图书馆 CIP 数据核字（2019）第 301541 号

标准类型: 中华人民共和国行业标准
标准名称: 公路桥涵地基与基础设计规范
标准编号: JTG 3363—2019
主编单位: 中交公路规划设计院有限公司
责任编辑: 丁 遥 周佳楠
责任校对: 张 贺 宋佳时
责任印制: 张 凯
出版发行: 人民交通出版社股份有限公司
地　　址: (100011) 北京市朝阳区安定门外外馆斜街 3 号
网　　址: http://www.ccpcl.com.cn
销售电话: (010) 85285857
总 经 销: 人民交通出版社股份有限公司发行部
经　　销: 各地新华书店
印　　刷: 北京市密东印刷有限公司
开　　本: 880×1230　1/16
印　　张: 12. 75
字　　数: 287 千
版　　次: 2020 年 1 月　第 1 版
印　　次: 2025 年 11 月　第 9 次印刷
书　　号: ISBN 978-7-114-16223-7
定　　价: 90. 00 元
（有印刷、装订质量问题的图书，由本公司负责调换）

中华人民共和国交通运输部

公 告

第 91 号

交通运输部关于发布
《公路桥涵地基与基础设计规范》的公告

现发布《公路桥涵地基与基础设计规范》(JTG 3363—2019),作为公路工程行业标准,自 2020 年 4 月 1 日起施行,原《公路桥涵地基与基础设计规范》(JTG D63—2007) 同时废止。

《公路桥涵地基与基础设计规范》(JTG 3363—2019) 的管理权和解释权归交通运输部,日常解释和管理工作由主编单位中交公路规划设计院有限公司负责。

请各有关单位注意在实践中总结经验,及时将发现的问题和修改建议函告中交公路规划设计院有限公司 (地址:北京市德胜门外大街 85 号,邮政编码:100088),以便修订时研用。

特此公告。

中华人民共和国交通运输部

2019 年 12 月 17 日

前　言

根据交通运输部交办公路函〔2015〕312号《关于下达2015年度公路工程行业标准制修订项目计划的通知》要求，由中交公路规划设计院有限公司作为主编单位承担对《公路桥涵地基与基础设计规范》（JTG D63—2007）的修订工作。现经批准颁发后，以《公路桥涵地基与基础设计规范》（JTG 3363—2019）颁布实施。

修订过程中，规范修订组开展了多项专题研究和调研工作，吸取了国内有关科研院所、高校、设计、检测等单位的研究成果和实际工程经验，参考借鉴了国内外相关标准规范，以发函和征求意见会等多种方式广泛征求了有关单位和专家的意见，经反复讨论、修改，最终定稿。

修订后的规范共分9章18个附录，主要内容包括：1 总则；2 术语和符号；3 基本规定；4 地基岩土的分类、工程特性与地基承载力；5 浅基础；6 桩基础；7 沉井基础；8 地下连续墙；9 特殊地基和基础。

本次修订的主要内容包括：增加了钢管混凝土组合桩计算规定；修订了嵌岩桩嵌岩深度计算公式；修订了软弱地基处理有关技术规定；增加了湿陷性黄土地基桩基设计要求；新增了陡坡地基与基础、岩溶地基与基础设计要求；增加了挤扩支盘桩相关设计内容。

请各有关单位在执行过程中，将发现的问题和意见，函告本规范日常管理组，联系人：刘晓娣（地址：北京市德胜门外大街85号，中交公路规划设计院有限公司，邮编：100088，传真：010-82017041，邮箱：sssohpdi@163.com），以便修订时研用。

主　编　单　位：中交公路规划设计院有限公司

参　编　单　位：湖南大学

　　　　　　　　东南大学

　　　　　　　　中交公路长大桥建设国家工程研究中心有限公司

　　　　　　　　北京支盘地工科技开发中心

主　　　　　编：袁　洪

主要参编人员：赵君黎　龚维明　赵明华　刘明虎　刘晓明　戴国亮

　　　　　　　　刘晓娣　李会驰　过　超　李文杰　付佰勇

主　　　　审：彭元诚

参与审查人员：王似舜　韩大章　包琦玮　田克平　黎立新
　　　　　　　钟明全　席广恒　李友龙　谢永利　梁智涛
　　　　　　　梁立农　徐宏光　詹建辉　马健中　朱俊高

参 加 人 员：冯 苠　邬 都　张国梁　易绍平

目　次

1　总则

1.0.1　为规范公路桥涵地基与基础设计，保障工程质量，制定本规范。

1.0.2　本规范适用于各等级公路桥涵地基与基础的设计。

1.0.3　地基与基础设计应遵循因地制宜、就地取材、节约资源的原则。

1.0.4　桥涵基础类型应根据水文、地质、地形、荷载、材料、上下部结构形式和施工条件等合理选用。

1.0.5　地基与基础设计应以相关勘察资料为依据。勘察资料应准确反映地形、地貌、地层结构、不良地质、岩土的物理力学性质、地下水等情况。

1.0.6　基础结构应根据相关规范的要求进行耐久性设计。

1.0.7　公路桥涵地基与基础设计除应符合本规范的规定外，尚应符合国家和行业现行有关标准的规定。

2 术语和符号

2.1 术语

2.1.1 地基 ground；foundation soils
承受结构作用的土体或岩体。

2.1.2 基础 foundation
将结构所承受的各种作用传递到地基上的下部结构。

2.1.3 地基承载力特征值 characteristic value of subsoil bearing capacity
由载荷试验测定的地基土压力-变形曲线线性变形段内规定的变形所对应的压力值。

2.1.4 节理 joint
岩体破裂面两侧岩层无明显位移的裂缝或裂隙。

2.1.5 持力层 bearing stratum
直接承受基础作用的地层。

2.1.6 下卧层 underlying stratum
位于持力层以下，处于被压缩或可能被剪损的一定深度内的土层。

2.1.7 重力密度 gravity density
单位体积岩土所承受的重力，为岩土的密度与重力加速度的乘积，简称重度。

2.1.8 浅基础 shallow foundation
埋置深度小于基础宽度且设计时不考虑基础侧边土体各种抗力作用的基础。

2.1.9 季节性冻土 seasonal frozen soil
冬季冻结、春（夏）季全部融化的土层。

2.1.10 多年冻土 permafrost

冻结状态持续两年以上的土层。

2.1.11　桩基础　pile foundation
单桩或多桩与（及）承台或系梁组成的基础。

2.1.12　负摩阻力　negative friction
桩身周围土由于自重固结、自重湿陷、地面附加荷载等原因而产生大于桩身沉降时，土对桩侧表面所产生的向下摩阻力。

2.1.13　基桩　foundation pile
桩基础中的单桩。

2.1.14　群桩基础　foundation of pile-group
由两根及以上基桩组成的桩基础。

2.1.15　沉井基础　open caisson foundation
上、下敞开口并带刃脚的空心井筒状结构，通过井内部取土或配以助沉措施沉入地基中，经封底、封顶所形成的基础。

2.1.16　地下连续墙　underground diaphragm wall
在地面以下，用于截水防渗、挡土和承受作用的连续墙壁。

2.1.17　地基处理　ground treatment
提高地基土的承载力、改善其变形性质或渗透性质的工程措施。

2.1.18　挤扩支盘桩　pile with expanded branches and plates
带有支或盘结构且与周围被挤密的土体共同作用的混凝土灌注桩。

2.1.19　切向冻胀力　tangential frost-heave
地基土在冻结膨胀时所产生的作用方向平行于基础侧面的力。

2.2　符号

2.2.1　地基抗力及材料性能有关符号
C_u——地基土不排水抗剪强度标准值；
E——混凝土的弹性模量；
E_{si}——第 i 层土的压缩模量；

f_a——修正后的地基承载力特征值；

f_{a0}——地基承载力特征值；

f_{aj}——支盘处土的承载力特征值；

f_d——钢材的强度设计值；

f_{rk}——岩石饱和单轴抗压强度标准值；

q_r——桩端处土的承载力特征值；

q_{rj}——第 j 个支或盘端土的承载力特征值；

q_{rk}——桩端处土的承载力标准值；

R_1——刃脚踏面及斜面下土的支撑力；

R_a——单桩轴向受压承载力特征值；

R_b——沉井刃脚、隔墙和底梁下地基土的承载力标准值之和；

R_t——单桩轴向受拉承载力特征值。

2.2.2 作用和作用效应有关符号

$F_{fw,k}$——水的浮托力标准值；

G_k——沉井自重标准值；

H——基岩顶面处的水平力；

H_i——作用标准值组合或偶然作用标准值组合引起的水平力；

M——作用水平力和竖向力对基底重心轴的弯矩；

M_H——基岩顶面处的弯矩；

M_x、M_y——水平力和竖向力绕 x 轴和 y 轴对基底的弯矩；

N——作用组合在基底产生的竖向力；

P_i——竖向力；

p——基底压应力；

p_0——作用准永久组合下基础底面处的附加压应力；

p_m——垫层内的平均压应力；

p_{max}——基底最大压应力；

p_{min}——基底最小压应力；

p_z——软弱地基或软土层的压应力；

p_{0k}——垫层底面处的附加压应力；

p_{gk}——垫层底面处土的自重压应力；

p'_{0k}——基础底面压应力；

p'_{gk}——基础底面处的自重压应力；

q_{ik}——第 i 层土的侧阻力标准值；

q_{pk}——沿环向分布的临界荷载标准值；

q_{tk}——荷载组合标准值；

R_f——井壁总摩阻力标准值；

R'_f——验算状态下井壁总摩阻力标准值；

S_{bk}——基础结构稳定的作用标准值组合效应；

S_{sk}——基础结构失稳的作用标准值组合效应。

2.2.3 几何参数有关符号

A——基础底面面积；

A_1——隔墙和底梁的总支承面积；

A_p——桩端截面面积；

A_{pj}——第 j 个支盘的面积；

a、b——基础底面的边长；

c——刃脚踏面宽度；

D_{r1}——地基挤密后要求达到的相对密度；

D_p——塑料排水板的当量换算直径；

d——桩身直径；

d_e——等效影响直径；

d_w——砂井直径；

d_{min}——基底最小埋置深度；

e_0——作用点距截面重心的距离；

h——埋置深度；

h_0——土样的原始高度；

h_{max}——基础底面下容许最大冻层厚度；

h_p——土样下沉稳定后的高度；

h'_p——土样附加下沉稳定后的高度；

h_r——桩嵌入基岩中的有效深度；

h_z——砂砾垫层厚度；

I——截面惯性矩；

l——矩形基础底面的长度；

l_i——承台底面或局部冲刷线以下对应的土层厚度；

l_s——砂石桩中距；

s——地基沉降量；

s_0——按分层总和法计算的地基沉降量；

s_{cu}——垫层本身的压缩量；

s_s——下卧层沉降量；

t——钢管桩壁厚；

u——桩身周长；

V——排水体积；

W——基础底面偏心方向面积抵抗矩；

W_x、W_y——基础底面偏心方向边缘绕 x 轴、y 轴的面积抵抗矩；

    z——从基底或桩基桩端处到软弱地基或软土层地基顶面的距离；

    z_0——标准冻深；

    z_d——设计冻深。

2.2.4　计算系数及其他有关符号

    c_1——端阻力发挥系数；

    e——土的天然孔隙比；

    e_0——地基处理前砂土的孔隙比；

    e_1——地基挤密后要求达到的孔隙比；

e_{max}、e_{min}——砂土的最大、最小孔隙比；

    k——基础结构稳定安全系数；

    k_0——墩台基础抗倾覆稳定性系数；

k_1、k_2——基底宽度、深度修正系数；

    k_c——桥涵墩台基础的抗滑动稳定性系数；

    k_{st}——下沉系数；

    m——岩层的层数；

    m_0——清底系数；

    n——土的层数；

    α——土中附加压应力系数；

    α_i——振动沉桩对各土层桩侧摩阻力的影响系数；

    β——考虑地基土侧向挤出或浸水概率等因素的修正系数；

    β_0——因地区土质而异的修正系数；

    β_{si}——第 i 层土的侧阻力增强系数；

    β_p——端阻力增强系数；

    γ——土的重度；

    γ_0——结构重要性系数；

γ_1、γ_2——不同深度范围土层的换算重度；

    γ_w——水的重度；

    γ_R——抗力系数；

    δ_s——湿陷系数；

    δ_{si}——自基底算起第 i 层土的湿陷系数；

    δ_{zs}——土的自重湿陷系数；

    δ_{zsi}——第 i 层土的自重湿陷系数；

    θ——垫层的压力扩散角；

    λ——修正系数；

    λ_p——桩端土塞效应系数；

μ——基础底面与地基土之间的摩擦系数；

ζ_s——覆盖层土的侧阻力发挥系数；

φ——沉井在浮运阶段的倾斜角；

ψ_s——沉降计算经验系数；

ψ_{ze}——环境对冻深的影响系数；

ψ_{zf}——基础对冻深的影响系数；

ψ_{zg}——地形坡向对冻深的影响系数；

ψ_{zs}——土的类别对冻深的影响系数；

ψ_{zw}——土的冻胀性对冻深的影响系数。

3 基本规定

3.0.1 公路桥涵地基与基础应进行承载力和稳定性计算，必要时尚应进行沉降验算。

3.0.2 按承载能力极限状态验算时，基础的结构设计安全等级及其结构重要性系数应按现行《公路桥涵设计通用规范》（JTG D60）的规定采用。

3.0.3 基础设计应充分考虑施工和环境保护的要求。

3.0.4 基础结构材料应符合相关结构设计规范的规定。

3.0.5 公路桥涵基础的埋置深度应根据基础类型确定，并应充分考虑结构施工期和运营期地质、水文、气候及人类活动等不利因素的影响。

3.0.6 地基或基础的竖向承载力验算应符合下列规定：

1　采用作用的频遇组合和偶然组合，作用组合表达式中的频遇值系数和准永久值系数均应取1.0，汽车荷载应计入冲击系数。

2　承载力特征值乘以相应的抗力系数γ_R应大于相应的组合效应。

3.0.7 地基承载力抗力系数γ_R可按表3.0.7-1取值，单桩承载力抗力系数γ_R可按表3.0.7-2取值。

表3.0.7-1　地基承载力抗力系数γ_R

受荷阶段	作用组合或地基条件		f_a(kPa)	γ_R
使用阶段	频遇组合	永久作用与可变作用组合	≥150	1.25
			<150	1.00
		仅计结构重力、预加力、土的重力、土侧压力和汽车荷载、人群荷载	—	1.00
	偶然组合		≥150	1.25
			<150	1.00
	多年压实未遭破坏的非岩石旧桥基		≥150	1.5
			<150	1.25
	岩石旧桥基		—	1.00

续表 3.0.7-1

受 荷 阶 段	作用组合或地基条件	f_a (kPa)	γ_R
施工阶段	不承受单向推力	—	1.25
	承受单向推力	—	1.5

注：表中 f_a 为修正后的地基承载力特征值。

表 3.0.7-2　单桩承载力抗力系数 γ_R

受 荷 阶 段	作 用 组 合		γ_R
使用阶段	频遇组合	永久作用与可变作用组合	1.25
		仅计结构重力、预加力、土的重力、土侧压力和汽车荷载、人群荷载	1.00
	偶然组合		1.25
施工阶段	施工荷载组合		1.25

3.0.8　计算基础沉降时，基础底面的作用效应应采用正常使用极限状态下准永久组合效应，考虑的永久作用不包括混凝土收缩及徐变作用、基础变位作用，可变作用仅指汽车荷载和人群荷载。

3.0.9　基础的稳定性可按下式验算：

$$\frac{S_{bk}}{\gamma_0 S_{sk}} \geq k \qquad (3.0.9)$$

式中：γ_0——结构重要性系数，取 $\gamma_0 = 1.0$；

S_{bk}——基础结构稳定的作用标准值组合效应，按基本组合和偶然组合最小组合值计算；表达式中的作用分项系数、频遇值系数和准永久值系数均取 1.0；

S_{sk}——基础结构失稳的作用标准值组合效应，按基本组合和偶然组合最大组合值计算；表达式中的作用分项系数、频遇值系数和准永久值系数均取 1.0；

k——基础结构稳定安全系数。

4 地基岩土分类、工程特性与地基承载力

4.1 地基岩土分类

4.1.1 公路桥涵地基岩土可分为岩石、碎石土、砂土、粉土、黏性土和特殊性岩土。

4.1.2 岩石的坚硬程度应按表 4.1.2 划分。当缺乏试验数据或不能进行该项试验时，可按本规范附录表 A.0.1-1 定性分级。

表 4.1.2 岩石坚硬程度分级

坚硬程度类别	坚硬岩	较硬岩	较软岩	软岩	极软岩
饱和单轴抗压强度标准值 f_{rk}（MPa）	$f_{rk} > 60$	$60 \geqslant f_{rk} > 30$	$30 \geqslant f_{rk} > 15$	$15 \geqslant f_{rk} > 5$	$f_{rk} \leqslant 5$

4.1.3 岩石的风化程度可按本规范附录表 A.0.1-2 划分为未风化、微风化、中风化、强风化、全风化 5 个等级。

4.1.4 岩石按软化系数可分为软化岩石和不软化岩石。当软化系数小于或等于 0.75 时，应定为软化岩石；当软化系数大于 0.75 时，应定为不软化岩石。

4.1.5 岩体完整程度应按表 4.1.5 划分。当缺乏试验数据时，可按本规范附录表 A.0.1-3 划分。

表 4.1.5 岩体完整程度分类

完整程度类别	完整	较完整	较破碎	破碎	极破碎
完整性指数	>0.75	$(0.55, 0.75]$	$(0.35, 0.55]$	$(0.15, 0.35]$	$\leqslant 0.15$

注：完整性指数为岩体纵波波速与岩块纵波波速之比的平方。

4.1.6 岩体节理发育程度应按表 4.1.6 划分。

表 4.1.6 岩体节理发育程度分类

发育程度	节理不发育	节理发育	节理很发育
节理间距（mm）	>400	$(200, 400]$	$\leqslant 200$

4.1.7 当岩石具有特殊成分、结构或性质时，应定为特殊性岩石，如易溶性岩石、膨胀性岩石、崩解性岩石、盐渍化岩石等。

4.1.8 碎石土为粒径大于 2mm 的颗粒含量超过总质量 50% 的土。碎石土可按表4.1.8分类。

表 4.1.8 碎石土的分类

土 的 名 称	颗 粒 形 状	粒 组 含 量
漂石	圆形及亚圆形为主	粒径大于 200mm 的颗粒含量超过总质量 50%
块石	棱角形为主	
卵石	圆形及亚圆形为主	粒径大于 20mm 的颗粒含量超过总质量 50%
碎石	棱角形为主	
圆砾	圆形及亚圆形为主	粒径大于 2mm 的颗粒含量超过总质量 50%
角砾	棱角形为主	

注：碎石土分类时根据粒组含量从大到小以最先符合者确定。

4.1.9 碎石土密实度可根据重型动力触探锤击数 $N_{63.5}$ 按表4.1.9进行分级。当缺乏试验数据时，碎石土平均粒径大于 50mm 或最大粒径大于 100mm 时，可按本规范附录表 A.0.2 鉴别其密实度。

表 4.1.9 碎石土密实度

锤击数 $N_{63.5}$	密 实 度	锤击数 $N_{63.5}$	密 实 度
$N_{63.5} \leqslant 5$	松散	$10 < N_{63.5} \leqslant 20$	中密
$5 < N_{63.5} \leqslant 10$	稍密	$N_{63.5} > 20$	密实

注：1. 本表适用于平均粒径小于或等于 50mm 且最大粒径不超过 100mm 的卵石、碎石、圆砾、角砾。
　　2. 表内 $N_{63.5}$ 为经修正后锤击数的平均值。

4.1.10 砂土为粒径大于 2mm 的颗粒含量不超过总质量 50% 且粒径大于 0.075mm 的颗粒超过总质量 50% 的土。砂土可按表4.1.10进行分类。

表 4.1.10 砂土分类

土 的 名 称	粒 组 含 量
砾砂	粒径大于 2mm 的颗粒含量占总质量 25% ~50%
粗砂	粒径大于 0.5mm 的颗粒含量超过总质量 50%
中砂	粒径大于 0.25mm 的颗粒含量超过总质量 50%
细砂	粒径大于 0.075mm 的颗粒含量超过总质量 85%
粉砂	粒径大于 0.075mm 的颗粒含量超过总质量 50%

注：砂土分类时根据粒组含量从大到小以最先符合者确定。

4.1.11 砂土的密实度可根据标准贯入锤击数 N 按表4.1.11进行分级。

表 4.1.11 砂土的密实度

标准贯入锤击数 N	密实度	标准贯入锤击数 N	密实度
$N \leqslant 10$	松散	$15 < N \leqslant 30$	中密
$10 < N \leqslant 15$	稍密	$N > 30$	密实

4.1.12 粉土为塑性指数 $I_P \leqslant 10$ 且粒径大于 0.075mm 的颗粒含量不超过总质量50%的土。粉土的密实度和湿度应分别按表4.1.12-1 和表 4.1.12-2 进行分类。

表 4.1.12-1 粉土密实度分类

孔隙比 e	密实度
$e < 0.75$	密实
$0.75 \leqslant e \leqslant 0.90$	中密
$e > 0.90$	稍密

表 4.1.12-2 粉土湿度分类

天然含水率 w（%）	湿度
$w < 20$	稍湿
$20 \leqslant w \leqslant 30$	湿
$w > 30$	很湿

4.1.13 黏性土为塑性指数 $I_P > 10$ 且粒径大于 0.075mm 的颗粒含量不超过总质量50% 的土。黏性土应根据塑性指数按表4.1.13 进行分类。

表 4.1.13 黏性土的分类

塑性指数 I_P	土的名称
$I_P > 17$	黏土
$10 < I_P \leqslant 17$	粉质黏土

注：液限和塑限分别按76g锥试验确定。

4.1.14 黏性土的软硬状态可根据液性指数 I_L 按表4.1.14 划分。

表 4.1.14 黏性土的软硬状态分类

液性指数 I_L	状态	液性指数 I_L	状态
$I_L \leqslant 0$	坚硬	$0.75 < I_L \leqslant 1$	软塑
$0 < I_L \leqslant 0.25$	硬塑	$I_L > 1$	流塑
$0.25 < I_L \leqslant 0.75$	可塑	—	—

4.1.15 黏性土可根据沉积年代按表4.1.15 进行分类。

表 4.1.15　黏性土的沉积年代分类

沉 积 年 代	土 的 分 类
第四纪晚更新世（Q_3）及以前	老黏性土
第四纪全新世（Q_4）	一般黏性土
第四纪全新世（Q_4）以后	新近沉积黏性土

4.1.16 黏性土的压缩性可根据压缩系数 a_{1-2} 按表 4.1.16 进行分类。

表 4.1.16　黏性土的压缩性分类

压缩系数 a_{1-2}（MPa^{-1}）	土 的 分 类
$a_{1-2} < 0.1$	低压缩性土
$0.1 \leqslant a_{1-2} < 0.5$	中压缩性土
$a_{1-2} \geqslant 0.5$	高压缩性土

4.1.17 具有一些特殊成分、结构和性质的区域性地基土应定为特殊性土，如软土、膨胀土、湿陷性土、红黏土、冻土、盐渍土和填土等。

4.1.18 对滨海、湖沼、谷地、河滩等处天然含水率高、天然孔隙比大、抗剪强度低且符合表 4.1.18 规定的细粒土应定为软土，如淤泥、淤泥质土、泥炭、泥炭质土等。

表 4.1.18　软土地基鉴别指标

指 标 名 称	天然含水率 w	天然孔隙比 e	直剪内摩擦角 φ	十字板剪切强度 C_u	压缩系数 a_{1-2}
指标值	≥35% 或液限	≥1.0	宜小于 5°	<35kPa	宜大于 0.5 MPa^{-1}

4.1.19 在静水或缓慢的流水环境中沉积，并经生物化学作用形成，其天然含水率大于液限、天然孔隙比大于或等于 1.5 的黏性土应定为淤泥。天然含水率大于液限而天然孔隙比小于 1.5 但大于或等于 1.0 的黏性土或粉土可定为淤泥质土。

4.1.20 土中黏粒成分主要由亲水性矿物组成，同时具有显著的吸水膨胀和失水收缩特性，其自由膨胀率大于或等于 40% 的黏性土应定为膨胀土。

4.1.21 浸水后产生附加沉降且湿陷系数大于或等于 0.015 的土应定为湿陷性土。

4.1.22 碳酸盐岩系的岩石经红土化作用形成的液限大于 50 的高塑性黏土应定为红黏土。红黏土经再搬运后仍保留其基本特征且其液限大于 45 的土应定为次生红黏土。

4.1.23 土中易溶盐含量大于 0.3%，并具有溶陷、盐胀、腐蚀等工程特性的土应定为盐渍土。

4.1.24 填土根据其组成和成因，可分为素填土、压实填土、杂填土、冲填土。素填土为由碎石土、砂土、粉土、黏性土等组成的填土；经过压实或夯实的素填土为压实填土；杂填土为含有建筑垃圾、工业废料、生活垃圾等杂物的填土；冲填土为由水力冲填泥沙形成的填土。

4.2 工程特性

4.2.1 岩土的工程特性可采用抗压强度、抗剪强度、压缩性、湿陷性、动力触探锤击数、静力触探探头阻力、载荷试验承载力、地基承载力、侧摩阻力、端阻力等特性指标描述。

4.2.2 地基及岩土的工程特性指标的代表值可采用平均值、标准值或特征值。岩土强度指标应取标准值，压缩性指标应取平均值，地基承载力指标应取特征值。

4.2.3 土的浅层平板载荷试验和深层平板载荷试验应分别符合本规范附录 B、C 的规定；岩基的载荷试验应符合本规范附录 D 的规定。

4.2.4 土的压缩模量、压缩系数、变形模量等压缩性指标可采用室内压缩、原位浅层或深层平板载荷、旁压等试验确定。

4.2.5 公路桥涵地基岩土的工程特性指标确定方法，本规范未明确规定的均应符合现行《公路工程地质勘察规范》（JTG C20）的规定，并应与计算分析方法、实际工程加载、地基排水等条件相符。

4.3 地基承载力

4.3.1 桥涵地基承载力的验算应以修正后的地基承载力特征值 f_a 乘以地基承载力抗力系数 γ_R 控制，并应符合下列规定：

1 修正后的地基承载力特征值 f_a 应基于地基承载力特征值 f_{a0}，根据基础基底埋深、宽度及地基土的类别按本规范第 4.3.4 条的规定修正确定。

2 软土地基承载力特征值可按本规范第 4.3.5 条的规定确定。

3 地基承载力抗力系数 γ_R 可按本规范第 3.0.7 条的规定确定。

4 其他特殊性岩土地基的承载力特征值及抗力系数应根据各地区经验或标准规范确定。

4.3.2 地基承载力特征值f_{a0}宜由载荷试验或其他原位测试方法实测取得，其值不应大于地基极限承载力的 1/2。对中小桥、涵洞，当受现场条件限制或开展载荷试验和其他原位测试确有困难时，也可按本规范第 4.3.3 条有关规定确定。

4.3.3 根据岩土类别、状态、物理力学特性指标及工程经验确定地基承载力特征值f_{a0}时，可按表 4.3.3-1～表 4.3.3-7 的规定进行。

1 一般岩石地基可根据强度等级、节理按表 4.3.3-1 确定其承载力特征值f_{a0}。对复杂的岩层（如溶洞、断层、软弱夹层、易溶岩石、崩解性岩石、软化岩石等）应按各项因素综合确定。

表 4.3.3-1 岩石地基承载力特征值f_{a0}（kPa）

坚 硬 程 度	节理发育程度		
	节理不发育	节理发育	节理很发育
坚硬岩、较硬岩	>3 000	3 000～2 000	2 000～1 500
较软岩	3 000～1 500	1 500～1 000	1 000～800
软岩	1 200～1 000	1 000～800	800～500
极软岩	500～400	400～300	300～200

2 碎石土地基可根据其类别和密实程度按表 4.3.3-2 确定其承载力特征值f_{a0}。

表 4.3.3-2 碎石土地基承载力特征值f_{a0}（kPa）

土 名	密 实 程 度			
	密实	中密	稍密	松散
卵石	1 200～1 000	1 000～650	650～500	500～300
碎石	1 000～800	800～550	550～400	400～200
圆砾	800～600	600～400	400～300	300～200
角砾	700～500	500～400	400～300	300～200

注：1. 由硬质岩组成，填充砂土者取高值；由软质岩组成，填充黏性土者取低值。
　　2. 半胶结的碎石土按密实的同类土提高 10%～30%。
　　3. 松散的碎石土在天然河床中很少遇见，需特别注意鉴定。
　　4. 漂石、块石参照卵石、碎石取值并适当提高。

3 砂土地基可根据土的密实度和水位情况按表 4.3.3-3 确定其承载力特征值f_{a0}。

表 4.3.3-3 砂土地基承载力特征值f_{a0}（kPa）

土 名	湿 度	密 实 程 度			
		密实	中密	稍密	松散
砾砂、粗砂	与湿度无关	550	430	370	200
中砂	与湿度无关	450	370	330	150
细砂	水上	350	270	230	100
	水下	300	210	190	—

续表4.3.3-3

土　名	湿　度	密实程度			
		密实	中密	稍密	松散
粉砂	水上	300	210	190	—
	水下	200	110	90	—

4　粉土地基可根据土的天然孔隙比e和天然含水率w（%）按表4.3.3-4确定其承载力特征值f_{a0}。

表4.3.3-4　粉土地基承载力特征值f_{a0}（kPa）

e	w（%）					
	10	15	20	25	30	35
0.5	400	380	355	—	—	—
0.6	300	290	280	270	—	—
0.7	250	235	225	215	205	—
0.8	200	190	180	170	165	—
0.9	160	150	145	140	130	125

5　老黏性土地基可根据压缩模量E_s按表4.3.3-5确定其承载力特征值f_{a0}。

表4.3.3-5　老黏性土地基承载力特征值f_{a0}（kPa）

E_s（MPa）	10	15	20	25	30	35	40
f_{a0}（kPa）	380	430	470	510	550	580	620

注：当老黏性土E_s<10MPa时，地基承载力特征值f_{a0}按一般黏性土（表4.3.3-6）确定。

6　一般黏性土地基可根据液性指数I_L和天然孔隙比e按表4.3.3-6确定其承载力特征值f_{a0}。

表4.3.3-6　一般黏性土地基承载力特征值f_{a0}（kPa）

e	I_L												
	0	0.1	0.2	0.3	0.4	0.5	0.6	0.7	0.8	0.9	1.0	1.1	1.2
0.5	450	440	430	420	400	380	350	310	270	240	220	—	—
0.6	420	410	400	380	360	340	310	280	250	220	200	180	—
0.7	400	370	350	330	310	290	270	240	220	190	170	160	150
0.8	380	330	300	280	260	240	230	210	180	160	150	140	130
0.9	320	280	260	240	220	210	190	180	160	140	130	120	100
1.0	250	230	220	210	190	170	160	150	140	120	110	—	—
1.1	—	—	160	150	140	130	120	110	100	90	—	—	—

注：1. 土中含有粒径大于2mm的颗粒质量超过总质量30%以上者，f_{a0}可适当提高。

2. 当e<0.5时，取e=0.5；当I_L<0时，取I_L=0。此外，超过表列范围的一般黏性土，$f_{a0}=57.22E_s^{0.57}$。

3. 一般黏性土地基承载力特征值f_{a0}取值大于300kPa时，应有原位测试数据作依据。

7　新近沉积黏性土地基可根据液性指数I_L和天然孔隙比e按表4.3.3-7确定其承

载力特征值 f_{a0}。

表 4.3.3-7　新近沉积黏性土地基承载力特征值 f_{a0}（kPa）

e	I_L		
	≤0.25	0.75	1.25
≤0.8	140	120	100
0.9	130	110	90
1.0	120	100	80
1.1	110	90	—

4.3.4　修正后的地基承载力特征值 f_a 可按式（4.3.4）确定。当基础位于水中不透水地层上时，f_a 可按平均常水位至一般冲刷线的水深按 10kPa/m 提高。

$$f_a = f_{a0} + k_1\gamma_1 (b-2) + k_2\gamma_2 (h-3) \qquad (4.3.4)$$

式中：f_a——修正后的地基承载力特征值（kPa）；

b——基础底面的最小边宽（m），当 $b<2$m 时，取 $b=2$m；当 $b>10$m 时，取 $b=10$m；

h——基底埋置深度（m），从自然地面起算，有水流冲刷时自一般冲刷线起算；当 $h<3$m 时，取 $h=3$m；当 $h/b>4$ 时，取 $h=4b$；

k_1、k_2——基底宽度、深度修正系数，根据基底持力层土的类别按表4.3.4确定；

γ_1——基底持力层土的天然重度（kN/m³），若持力层在水面以下且为透水者，应取浮重度；

γ_2——基底以上土层的加权平均重度（kN/m³），换算时若持力层在水面以下且不透水，则不论基底以上土的透水性质如何，均取饱和重度；当透水时，水中部分土层取浮重度。

表 4.3.4　地基土承载力宽度、深度修正系数 k_1、k_2

系数	黏性土			粉土	砂　　土								碎石土			
	老黏性土	一般黏性土		新近沉积黏性土	—	粉砂		细砂		中砂		砾砂、粗砂		碎石、圆砾、角砾		卵石	
		$I_L≥0.5$	$I_L<0.5$		—	中密	密实	中密	密实	中密	密实	中密	密实	中密	密实	中密	密实
k_1	0	0	0	0	0	1.0	1.2	1.5	2.0	2.0	3.0	3.0	4.0	3.0	4.0	3.0	4.0
k_2	2.5	1.5	2.5	1.0	1.5	2.0	2.5	3.0	4.0	4.0	5.5	5.0	6.0	5.0	6.0	6.0	10.0

注：1. 对稍密和松散状态的砂、碎石土，k_1、k_2 值可采用表列中密值的 50%。
　　2. 强风化和全风化的岩石，可参照所风化成的相应土类取值；其他状态下的岩石不修正。

4.3.5　软土地基承载力应按下列规定确定：

1　软土地基承载力特征值 f_{a0} 应由载荷试验或其他原位测试取得。载荷试验和原位测试确有困难时，对中小桥、涵洞基底未经处理的软土地基修正后的地基承载力特征值

f_a可采用下列两种方法确定：

1）根据原状土天然含水率 w，按表4.3.5确定软土地基承载力特征值 f_{a0}，然后按式（4.3.5-1）计算修正后的地基承载力特征值 f_a：

$$f_a = f_{a0} + \gamma_2 h \tag{4.3.5-1}$$

表4.3.5　软土地基承载力特征值 f_{a0}（kPa）

天然含水率 w（%）	36	40	45	50	55	65	75
f_{a0}（kPa）	100	90	80	70	60	50	40

2）根据原状土强度指标确定软土地基修正后的地基承载力特征值 f_a：

$$f_a = \frac{5.14}{m} k_p C_u + \gamma_2 h \tag{4.3.5-2}$$

$$k_p = \left(1 + 0.2 \frac{b}{l}\right)\left(1 - \frac{0.4H}{blC_u}\right) \tag{4.3.5-3}$$

式中：m——抗力修正系数，可视软土灵敏度及基础长宽比等因素选用1.5~2.5；

C_u——地基土不排水抗剪强度标准值（kPa）；

k_p——系数；

H——由作用（标准值）引起的水平力（kN）；

b——基础宽度（m），有偏心作用时，取 $b - 2e_b$；

l——垂直于 b 边的基础长度（m），有偏心作用时，取 $l - 2e_l$；

e_b、e_l——偏心作用在宽度和长度方向的偏心距。

2　经排水固结方法处理的软土地基，其承载力特征值 f_{a0}应通过载荷试验或其他原位测试方法确定；经复合地基方法处理的软土地基，其承载力特征值应通过载荷试验确定；然后按式（4.3.5-1）计算修正后的软土地基承载力特征值 f_a。

5 浅基础

5.1 埋置深度

5.1.1 公路桥涵墩台基础基底的埋置深度应符合下列规定：

1 非岩石河床桥梁墩台基底埋深安全值不宜小于表5.1.1的规定。

表 5.1.1 基底埋深安全值（m）

桥 梁 类 别	总冲刷深度（m）				
	0	5	10	15	20
大桥、中桥、小桥（不铺砌）	1.5	2.0	2.5	3.0	3.5
特大桥	2.0	2.5	3.0	3.5	4.0

注：1. 总冲刷深度为自河床面算起的河床自然演变冲刷、一般冲刷与局部冲刷深度之和。
2. 对设计流量、水位和原始断面资料无把握或不能获得河床演变准确资料时，表中数值宜适当加大。
3. 若桥位上下游有已建桥梁，应调查已建桥梁的特大洪水冲刷情况，新建桥梁墩台基础埋置深度不宜小于已建桥梁的冲刷深度且酌加必要的安全值。
4. 河床上有铺砌层时，基础底面宜设置在铺砌层顶面以下不小于1m。

2 岩石河床墩台基底最小埋置深度可参考现行《公路工程水文勘测设计规范》（JTG C30）的规定确定。

3 位于河槽的桥台，当其总冲刷深度小于桥墩总冲刷深度时，桥台基底高程应与桥墩相同。位于河滩的桥台，对不稳定河流，桥台基底高程应与桥墩相同；对稳定河流，桥台基底高程可按桥台冲刷计算结果确定。

4 对涵洞基础，在无冲刷处（岩石地基除外），应设在地面或河床底以下埋深不小于1m处；如有冲刷，基底埋深应在局部冲刷线以下不小于1m；河床上有铺砌层时，基础底面宜设置在铺砌层顶面以下不小于1m。

5.1.2 地基为冻胀土层时，桥涵墩台基础基底埋置深度应符合下列规定：

1 上部结构为超静定结构时，基底应埋入冻结线以下不小于0.25m。

2 当墩台基础容许设置在季节性冻胀土层中时，基底的最小埋置深度可按下列公式计算：

$$d_{min} = z_d - h_{max} \tag{5.1.2-1}$$

$$z_d = \psi_{zs}\psi_{zw}\psi_{ze}\psi_{zg}\psi_{zf}z_0 \tag{5.1.2-2}$$

式中：d_{min}——基底最小埋置深度（m）；

z_d——设计冻深（m）；

z_0——标准冻深（m），无实测资料时，可按本规范附录 E 采用；

ψ_{zs}——土的类别对冻深的影响系数，按表 5.1.2-1 查取；

ψ_{zw}——土的冻胀性对冻深的影响系数，按表 5.1.2-2 查取，季节性冻胀土分类见本规范表 E.0.2；

ψ_{ze}——环境对冻深的影响系数，按表 5.1.2-3 查取；

ψ_{zg}——地形坡向对冻深的影响系数，按表 5.1.2-4 查取；

ψ_{zf}——基础对冻深的影响系数，取 $\psi_{zf}=1.1$；

h_{max}——基础底面下容许最大冻层厚度（m），按表 5.1.2-5 查取，季节性冻胀土分类见本规范表 E.0.2。

表 5.1.2-1　土的类别对冻深的影响系数 ψ_{zs}

土 的 类 别	ψ_{zs}	土 的 类 别	ψ_{zs}
黏性土	1.00	中砂、粗砂、砾砂	1.30
细砂、粉砂、粉土	1.20	碎石土	1.40

表 5.1.2-2　土的冻胀性对冻深的影响系数 ψ_{zw}

土的冻胀性类别	ψ_{zw}	土的冻胀性类别	ψ_{zw}
不冻胀	1.00	强冻胀	0.85
弱冻胀	0.95	特强冻胀	0.80
冻胀	0.90	—	—

表 5.1.2-3　环境对冻深的影响系数 ψ_{ze}

周 围 环 境	ψ_{ze}	周 围 环 境	ψ_{ze}
村、镇、旷野	1.00	城市市区	0.90
城市近郊	0.95	—	—

注：当城市市区人口为 20 万~50 万人时，按城市近郊取值；当城市市区人口大于 50 万人且小于或等于 100 万人时，按城市市区取值；当城市市区人口超过 100 万人时，按城市市区取值，5km 以内的郊区按城市近郊取值。

表 5.1.2-4　地形坡向对冻深的影响系数 ψ_{zg}

地形坡向	平坦	阳坡	阴坡
ψ_{zg}	1.0	0.9	1.1

表 5.1.2-5　基础底面下容许最大冻层厚度 h_{max}

土的冻胀性类别	弱冻胀	冻胀	强冻胀	特强冻胀
h_{max}	$0.38z_0$	$0.28z_0$	$0.15z_0$	$0.08z_0$

3　涵洞基础设置在季节性冻土地基上时应满足下列要求：

1）出入口和自两端洞口向内各 2~6m 范围内（或可采用不小于 2m 的一段涵节长度）涵身基底的埋置深度可按式（5.1.2-1）计算确定。

2）涵洞中间部分的基础埋深，可根据地区经验确定。

3）严寒地区，当涵洞中间部分基础的埋深与洞口埋深相差较大时，其连接处应设置过渡段。

4）冻结较深地区，也可采用将基底至冻结线处的地基土换填为粗颗粒土（包括碎石土、砾砂、粗砂、中砂，但其中粉黏粒含量不应大于15%，或粒径小于0.1mm的颗粒不应大于25%）的措施。

4 当墩台基底设置在不冻胀土层中时，基底埋深可不受冻深的限制。

5.1.3 墩台基础顶面高程宜根据桥位情况、施工难易程度、美观与整体协调综合确定。

5.2 地基承载力及基底偏心距验算

5.2.1 桥梁墩台地基验算时，应考虑修建和使用期间可能发生的各项作用，并应符合下列规定：

1 当桥台台背填土的高度在5m以上时，应考虑台背填土对桥台基底处的附加竖向压应力，可按本规范附录F的规定计算。

2 对软土或软弱地基，当相邻墩台的距离小于5m时，应考虑邻近墩台对软土或软弱地基所引起的附加竖向压应力。

3 对桥台基础，当台背地基土质不良时，应验算桥台与路堤同时滑动的稳定性。

5.2.2 不考虑嵌固作用的基础底面岩土的承载力可按下式验算：

1 当基底只承受轴心荷载时：

$$p = \frac{N}{A} \leqslant f_a \qquad (5.2.2\text{-}1)$$

式中：p——基底平均压应力（kPa）；

N——本规范第3.0.6条规定的作用组合下基底的竖向力（kN）；

A——基础底面面积（m²）。

2 当基底单向偏心受压时，除满足本条第1款规定外，尚应符合下列条件：

$$p_{max} = \frac{N}{A} + \frac{M}{W} \leqslant \gamma_R f_a \qquad (5.2.2\text{-}2)$$

式中：p_{max}——基底最大压应力（kPa）；

M——本规范第3.0.6条规定的作用组合下墩台的水平力和竖向力对基底重心轴的弯矩（kN·m）；

W——基础底面偏心方向的面积抵抗矩（m³）。

3 当基底双向偏心受压时，除满足本条第1款外，尚应符合下列条件：

$$p_{max} = \frac{N}{A} + \frac{M_x}{W_x} + \frac{M_y}{W_y} \leqslant \gamma_R f_a \qquad (5.2.2\text{-}3)$$

式中：M_x、M_y——作用于墩台的水平力和竖向力对基底分别对 x 轴、y 轴的弯矩（kN·m）；

W_x、W_y——基础底面偏心方向边缘对 x 轴、y 轴的面积抵抗矩（m³）。

5.2.3 当设置在基岩上的墩台基底承受单向偏心荷载，且其偏心距 e_0 超过相应的截面核心半径 ρ 时，宜仅按受压区计算基底最大压应力（不考虑基底承受拉力，见图5.2.3）。基底为矩形截面时，其最大压应力 p_{max} 可按下式计算：

$$p_{max} = \frac{2N}{3\left(\frac{b}{2} - e_0\right)a} \leq \gamma_R f_a \qquad (5.2.3)$$

式中：b——偏心方向基础底面的边长（m）；

a——垂直于 b 边基础底面的边长（m）；

e_0——偏心荷载 N 作用点距截面重心的距离（m）；

N——墩台基础承受的单向偏心荷载（kN）。

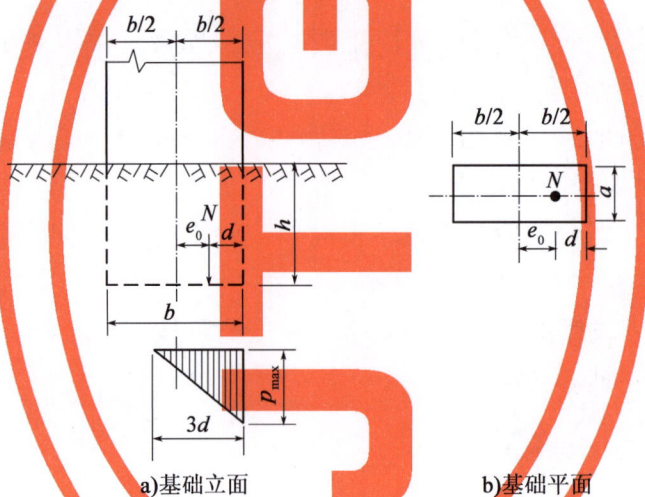

a)基础立面　　　　　　b)基础平面

图5.2.3　基岩上矩形截面基底单向偏心受压应力重分布示意

5.2.4 当设置在基岩上的墩台基底承受双向偏心荷载，且其偏心距 e_0 超过相应的截面核心半径 ρ 时，宜仅按受压区计算基底压应力（不考虑基底承受拉应力）。基底为矩形和圆形截面时，其最大压应力可按本规范附录G确定。

5.2.5 桥涵墩台应验算作用于基底的合力偏心距，并应符合下列规定：

1　桥涵墩台基底的合力偏心距容许值 $[e_0]$ 应符合表5.2.5的规定。

表5.2.5　墩台基底的合力偏心距容许值 $[e_0]$

作 用 情 况	地 基 条 件	$[e_0]$	备　注
仅承受永久作用标准值组合	非岩石地基	桥墩，0.1ρ	拱桥、刚构桥墩台，其合力作用点应尽量保持在基底重心附近
		桥台，0.75ρ	

续表 5.2.5

作 用 情 况	地 基 条 件	$[e_0]$	备 注
承受作用标准值组合或偶然 作用标准值组合	非岩石地基	ρ	拱桥单向推力墩不受限制,但应符 合本规范表 5.4.3 规定的抗倾覆稳定 安全系数
	较破碎~极破碎岩石地基	1.2ρ	
	完整、较完整岩石地基	1.5ρ	

2 基底以上外力作用点对基底重心轴的偏心距 e_0 可按式 (5.2.5-1) 计算:

$$e_0 = \frac{M}{N} \leqslant [e_0] \tag{5.2.5-1}$$

式中: M——所有外力(竖向力、水平力)对基底截面重心轴的弯矩 (kN·m);

N——作用于基底的竖向力 (kN)。

3 基底承受单向或双向偏心受压的截面核心半径 ρ 值可按下列公式计算:

$$\rho = \frac{e_0}{1 - \dfrac{p_{\min}A}{N}} \tag{5.2.5-2}$$

$$p_{\min} = \frac{N}{A} - \frac{M_x}{W_x} - \frac{M_y}{W_y} \tag{5.2.5-3}$$

式中: $p_{\min}$——基底最小压应力,当为负值时表示拉应力 (kPa)。

5.2.6 在基础底面下有软弱地基或软土层时,应按下式验算软弱地基或软土层的承载力:

$$p_z = \gamma_1(h+z) + \alpha(p - \gamma_2 h) \leqslant \gamma_R f_a \tag{5.2.6}$$

式中: p_z——软弱地基或软土层的压应力 (kPa);

h——基底处的埋置深度 (m),当基础受水流冲刷时,由一般冲刷线算起;当不受水流冲刷时,由天然地面算起;如位于挖方内,则由开挖后地面算起;

z——从基底处到软弱地基或软土层地基顶面的距离 (m);

γ_1——深度 $(h+z)$ 范围内各土层的换算重度 (kN/m³);

γ_2——深度 h 范围内各土层的换算重度 (kN/m³);

α——土中附加压应力系数,参见本规范第 J.0.1 条;

p——基底压应力 (kPa),当 $z/b>1$ 时,p 采用基底平均压应力,b 为矩形基底的宽度;当 $z/b \leqslant 1$ 时,p 为基底压应力图形距最大压应力点 $b/3 \sim b/4$ 处的压应力(对梯形图形前后端压应力差值较大时,可采用上述 $b/4$ 点处的压应力值,反之,则采用上述 $b/3$ 处压应力值);

f_a——软弱地基或软土层地基顶面土的承载力特征值,按本规范第 4.3.4 条或第 4.3.5 条规定采用。

5.3 沉降验算

5.3.1 当墩台建在地质情况复杂、土质不均匀、承载力较差的地基上及下卧层为压缩性较大的厚层软黏土时，或相邻跨径悬殊而需计算沉降差或跨线桥净高需预先考虑沉降量时，均应计算其沉降。

5.3.2 计算沉降时，传递至基底的作用效应应按本规范第3.0.8条的规定执行。

5.3.3 墩台的沉降应符合下列规定：

1 相邻墩台间不均匀沉降差值（不包括施工中的沉降），不应使桥面形成大于2‰的附加纵坡（折角）。

2 超静定结构桥梁墩台间不均匀沉降差值还应满足结构的受力要求。

5.3.4 墩台基础的最终沉降量，可按下列公式计算：

$$s = \psi_s s_0 = \psi_s \sum_{i=1}^{n} \frac{p_0}{E_{si}} (z_i \overline{\alpha}_i - z_{i-1} \overline{\alpha}_{i-1}) \qquad (5.3.4\text{-}1)$$

$$p_0 = p - \gamma h \qquad (5.3.4\text{-}2)$$

式中： s——地基最终沉降量（mm）；

s_0——按分层总和法计算的地基沉降量（mm）；

ψ_s——沉降计算经验系数，根据地区沉降观测资料及经验确定，缺少沉降观测资料及经验数据时，可按本规范第5.3.5条确定；

n——地基沉降计算深度范围内所划分的土层数（图5.3.4）；

p_0——对应于作用的准永久组合时基础底面处附加压应力（kPa）；

E_{si}——基础底面下第 i 层土的压缩模量（MPa），应取土的"自重压应力"至"土的自重压应力与附加压应力之和"的压应力段计算；

z_i、z_{i-1}——基础底面至第 i 层土、第 $i-1$ 层土底面的距离（m）；

$\overline{\alpha}_i$、$\overline{\alpha}_{i-1}$——基础底面计算点至第 i 层土、第 $i-1$ 层土底面范围内平均附加压应力系数，可按本规范第J.0.2条取用；

p——基底压应力（kPa），当 $z/b > 1$ 时，p 采用基底平均压应力，b 为矩形基底宽度；$z/b \leqslant 1$ 时，p 为压应力图形距最大压应力点 $b/3 \sim b/4$ 处的压应力（对梯形图形前后端压应力差值较大时，可采用上述 $b/4$ 处的压应力值，反之，则采用上述 $b/3$ 处压应力值）；

h——基底埋置深度（m），当基础受水流冲刷时，从一般冲刷线算起；当不受水流冲刷时，从天然地面算起；如位于挖方内，则由开挖后地面算起；

γ——h 内土的重度（kN/m³），基底为透水地基时水位以下取浮重度。

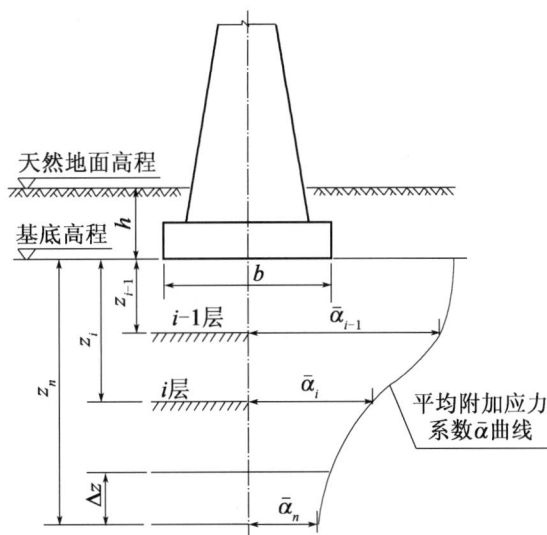

图 5.3.4　基底沉降计算分层示意

5.3.5　沉降计算经验系数 ψ_s 可按表 5.3.5 确定。沉降计算范围内压缩模量的当量值 $\overline{E}_s$ 可按下式计算：

$$\overline{E}_s = \frac{\sum A_i}{\sum \dfrac{A_i}{E_{si}}} \tag{5.3.5}$$

式中：A_i——第 i 层土的附加压应力系数沿土层厚度的积分值。

表 5.3.5　沉降计算经验系数 ψ_s

基底附加压应力	$\overline{E}_s$（MPa）				
	2.5	4.0	7.0	15.0	20.0
$p_0 \geqslant f_{a0}$	1.4	1.3	1.0	0.4	0.2
$p_0 \leqslant 0.75 f_{a0}$	1.1	1.0	0.7	0.4	0.2

5.3.6　地基沉降计算时设定计算深度 z_n，应符合式（5.3.6）的要求。当计算深度下面仍有较软土层时，应继续计算。

$$\Delta s_n \leqslant 0.025 \sum_{i=1}^{n} \Delta s_i \tag{5.3.6}$$

式中：Δs_n——在计算深度 z_n 底面向上取厚度为 Δz 的土层的计算沉降量（mm），Δz 见图 5.3.4 并按表 5.3.6 采用；

　　　Δs_i——在计算深度范围内，第 i 层土的计算沉降量（mm）。

表 5.3.6　Δz 值

基底宽度 b（m）	$b \leqslant 2$	$2 < b \leqslant 4$	$4 < b \leqslant 8$	$b > 8$
Δz（m）	0.3	0.6	0.8	1.0

5.3.7 当无相邻荷载影响且基底宽度在 1～30m 范围内时，基底中心的地基沉降计算深度 z_n 也可按简化公式计算：

$$z_n = b(2.5 - 0.4 \ln b) \tag{5.3.7}$$

式中：b——基础宽度（m）；

　　　z_n——基底中心的地基沉降计算深度（m）。在计算深度范围内存在基岩时，z_n 可取至基岩表面；当存在较厚的坚硬黏土层，其孔隙比小于 0.5、压缩模量大于 50MPa，或存在较厚的密实砂卵石层，其压缩模量大于 80MPa 时，z_n 可取至该土层表面。

5.4 稳定性验算

5.4.1 桥涵墩台基础的抗倾覆稳定应按下列公式计算（图 5.4.1）：

$$k_0 = \frac{s}{e_0} \tag{5.4.1-1}$$

$$e_0 = \frac{\sum P_i e_i + \sum H_i h_i}{\sum P_i} \tag{5.4.1-2}$$

式中：k_0——墩台基础抗倾覆稳定安全系数；

　　　s——在截面重心至合力作用点的延长线上，自截面重心至验算倾覆轴的距离（m）；

　　　e_0——所有外力的合力 R 在验算截面的作用点对基底重心轴的偏心距（m）；

　　　P_i——不考虑其分项系数和组合系数的作用标准值组合或偶然作用标准值组合引起的竖向力（kN）；

　　　e_i——竖向力 P_i 对验算截面重心的力臂（m）；

　　　H_i——不考虑其分项系数和组合系数的作用标准值组合或偶然作用标准值组合引起的水平力（kN）；

　　　h_i——水平力对验算截面的力臂（m）。

　　注：1. 弯矩应视其绕验算截面重心轴的不同方向取正负号。

　　　　2. 对矩形凹缺的多边形基础，其倾覆轴应取基底截面的外包线。

5.4.2 桥涵墩台基础的抗滑动稳定安全系数 k_c 应按下式计算：

$$k_c = \frac{\mu \sum P_i + \sum H_{iP}}{\sum H_{ia}} \tag{5.4.2}$$

式中：k_c——桥涵墩台基础的抗滑动稳定安全系数；

　　　$\sum P_i$——竖向力总和（kN）；

　　　$\sum H_{iP}$——抗滑稳定水平力总和（kN）；

　　　$\sum H_{ia}$——滑动水平力总和（kN）；

　　　μ——基础底面与地基土之间的摩擦系数，通过试验确定；当缺少实际资料时，可参照表 5.4.2 采用。

注：$\sum H_{iP}$ 和 $\sum H_{ia}$ 分别为两个相对方向的各自水平力总和，绝对值较大者为滑动水平力 $\sum H_{ia}$，另一为抗滑稳定力 $\sum H_{iP}$。$\mu \sum P_i$ 为抗滑动稳定力。

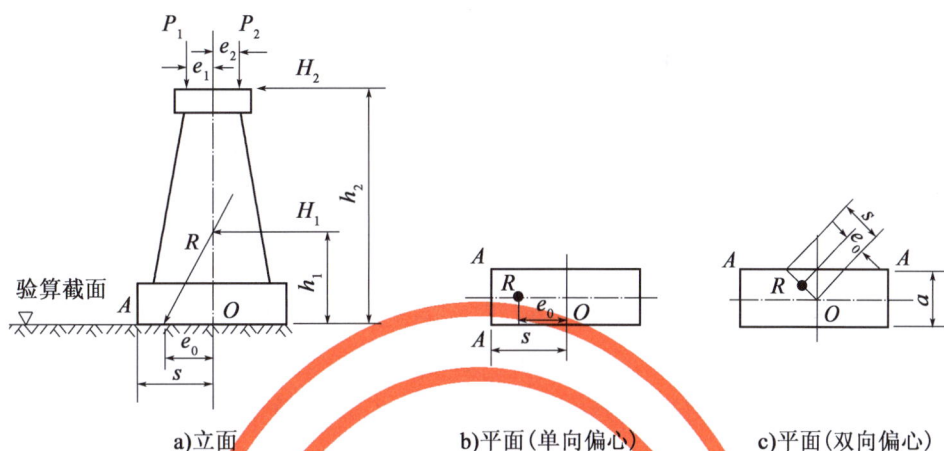

a)立面　　　　　　b)平面(单向偏心)　　　　　c)平面(双向偏心)

图 5.4.1　墩台基础的稳定验算示意图

O-截面重心；R-合力作用点；A—A-验算倾覆轴

表 5.4.2　基 底 摩 擦 系 数

地基土分类	μ
黏性土（流塑~坚硬）、粉土	0.25~0.35
砂土（粉砂~砾砂）	0.30~0.40
碎石土（松散~密实）	0.40~0.50
软岩（极软岩~较软岩）	0.40~0.60
硬岩（较硬岩、坚硬岩）	0.60、0.70

5.4.3 验算墩台抗倾覆和抗滑动稳定性时，稳定安全系数不应小于表 5.4.3 规定的限值。

表 5.4.3　抗倾覆和抗滑动稳定安全系数限值

作 用 组 合		验 算 项 目	稳定安全系数限值
使用阶段	仅计永久作用（不计混凝土收缩及徐变、浮力）和汽车、人群作用的标准值组合	抗倾覆	1.5
		抗滑动	1.3
	各种作用的标准值组合	抗倾覆	1.3
		抗滑动	1.2
施工阶段作用的标准值组合		抗倾覆	1.2
		抗滑动	

5.4.4 当基础位于季节性冻土或多年冻土土层中时，应验算抗冻拔稳定性，计算方法可参照本规范附录 H。

6 桩基础

6.1 一般规定

6.1.1 桩基础除应根据有关规范规定进行结构本身设计外，还应按下列规定进行设计：

1 根据使用功能和受力特征分别进行桩基整体或单桩的竖向承载能力和水平承载能力的验算。

2 对位于坡地、岸边的桩基，应验算其在最不利荷载组合效应下的整体稳定性。

6.1.2 桩基础可按下列规定分类：

1 按承载性状分为：

1）摩擦型桩，桩顶荷载主要由桩侧阻力承受，并考虑桩端阻力。

2）端承型桩，桩顶荷载主要由桩端阻力承受，并考虑桩侧阻力。

2 按成桩方法分为：

1）非挤土型桩，包括干作业法钻（挖）孔灌注桩、挤扩孔灌注桩、泥浆护壁法钻孔灌注桩、套管护壁法钻孔灌注桩等。

2）部分挤土型桩，包括预钻孔沉桩、敞口预应力混凝土管桩、敞口钢管桩、根式灌注桩等。

3）挤土型桩，即沉桩，包括通过锤击、静压、振动等方法沉入的预制桩、闭口预应力混凝土管桩和闭口钢管桩等。

6.1.3 桩基础的承台底面高程应符合下列规定：

1 季节性冻胀土地区，承台底面在土中时，其埋置深度应符合本规范第5.1.2条的有关规定。

2 有流冰的河流，其高程应在最低冰层底面以下不小于0.25m。

3 当有流筏、其他漂流物或船舶撞击时，承台底面高程应保证桩不受直接撞击。

6.1.4 位于季节性冻土地区的桩，若桩间需设横系梁，其位置应避开冻胀层。

6.1.5 在同一群桩基础中，不宜同时采用摩擦型桩和端承型桩，也不宜采用直径不同、材料不同和桩端深度相差过大的桩。

6.1.6 对具有下列情况的大桥、特大桥，应通过静载试验确定单桩承载力：

1 桩的入土深度远超过常用桩；
2 地质情况复杂，难以确定桩的承载力；
3 新型桩基础或采用新工艺施工的桩基础；
4 有其他特殊要求的桥梁桩基础。

6.2 构造

6.2.1 混凝土桩的尺寸宜满足下列构造要求：

1 钻孔桩设计直径不宜小于 0.8m。
2 挖孔桩直径或最小边宽度不宜小于 1.2m。
3 混凝土管桩直径可采用 0.4~1.2m，管壁最小厚度不宜小于 80mm。

6.2.2 混凝土桩应满足下列构造要求：

1 桩身混凝土强度等级不应低于 C25，当采用强度标准值 400MPa 及以上钢筋时不应低于 C30；管桩填芯混凝土强度等级不应低于 C20。

2 钢筋混凝土沉桩的桩身配筋应按运输、沉入和使用各阶段内力要求通长配筋。桩的两端和接桩区箍筋或螺旋筋的间距应加密，其值可取 40~50mm。

3 钻（挖）孔桩可按桩身内力大小分段配筋。当内力计算表明不需配筋时，应在桩顶 3~5m 内设构造钢筋。配筋应符合下列规定：

1）桩内主筋直径不应小于 16mm，每桩的主筋数量不应少于 8 根，其净距不应小于 80mm 且不应大于 350mm。

2）配筋较多时，可采用束筋，束筋的单根钢筋直径不应大于 36mm，束筋的单根钢筋根数，当其直径不大于 28mm 时不应多于 3 根，当其直径大于 28mm 时应为 2 根。

3）钢筋的保护层厚度应满足现行《公路钢筋混凝土及预应力混凝土桥涵设计规范》（JTG 3362）的规定。

4）闭合式箍筋或螺旋筋直径不应小于主筋直径的 1/4，且不应小于 8mm，其中距不应大于主筋直径的 15 倍，且不应大于 300mm。

5）钢筋笼骨架上每隔 2~2.5m 应设置直径 16~32mm 的加劲箍一道。

6）钢筋笼四周应设置凸出的定位混凝土块或采取其他可行的定位措施。

7）钢筋笼底部的主筋宜稍向内弯曲。

4 钢筋混凝土预制桩的分节长度应根据施工条件确定，并应尽量减少接头数量。接头强度不应低于桩身强度，接头法兰盘不应凸出于桩身之外，在沉桩时和使用过程中接头不应松动和开裂。

5 桩端嵌入非饱和状态强风化岩的预应力混凝土敞口管桩，应采取有效的桩端持力层防渗水软化措施。

6.2.3 钢管桩应满足下列构造要求：

1 钢管桩的焊接接头应采用等强度对接连接。

2 钢管桩的端部形式，应根据桩所穿越的土层、桩端持力层性质、桩的尺寸、挤土效应等因素综合考虑确定。钢管桩可采用下列桩端形式：

1）敞口带加强箍（带内隔板、不带内隔板），敞口不带加强箍（带内隔板、不带内隔板）；

2）闭口平底、锥底。

3 钢管桩直径及壁厚宜满足下列要求：

1）直径与壁厚之比不宜大于100。

2）抗锤击要求的最小壁厚可根据经验或按下式确定：

$$t = 6.35 + \frac{d}{100} \qquad (6.2.3)$$

式中：t——钢管桩壁厚（mm）；

d——钢管桩直径（mm）。

6.2.4 钢管混凝土组合桩的钢管构造应符合本规范第6.2.3条的规定，其直径 d 与壁厚 t 之比 d/t 可按式（6.2.4）计算：

$$\frac{d}{t} = (20 \sim 135)\frac{235}{f_d} \qquad (6.2.4)$$

式中：f_d——钢材的强度设计值（MPa）。

6.2.5 钢管桩或钢管混凝土组合桩可根据环境条件采取下列防腐处理措施：

1 外壁加覆防腐涂层或其他覆盖层。

2 增加管壁预留腐蚀裕量厚度。海水环境中钢管桩的单面年平均腐蚀速度可按表6.2.5取值，有条件时也可根据现场实测确定。其他条件下，在平均低水位以上，年平均腐蚀速度可取0.06mm/年；平均低水位以下，年平均腐蚀速度可取0.03mm/年。

表6.2.5 海水环境中钢桩单面年平均腐蚀速度

部　位	年平均腐蚀速度（mm/年）	部　位	年平均腐蚀速度（mm/年）
大气区	0.05 ~ 0.10	水位变动区，水下区	0.12 ~ 0.20
浪溅区	0.20 ~ 0.50	泥下区	0.05

注：1. 表中年平均腐蚀速度适用于 pH = 4 ~ 10 的环境条件，对有严重污染的环境，应适当增大。

2. 对水质含盐量层次分明的河口或年平均气温高、波浪大和流速大的环境，其对应部位的年平均腐蚀速度应适当增大。

3 水下采取阴极保护。

4 选用耐腐蚀钢种。

5 当钢管内壁同外界隔绝时，可不考虑内壁防腐。

6.2.6 桩的布置和中距应符合下列规定：

1 群桩的布置可采用对称形、梅花形或环形。

2 摩擦型桩的中距应符合下列规定：

1）锤击、静压沉桩，在桩端处的中距不应小于桩径（或边长）的 3 倍，对软土地基宜适当增大；振动沉入砂土内的桩，在桩端处的中距不应小于桩径（或边长）的 4 倍。桩在承台底面处的中距不应小于桩径（或边长）的 1.5 倍。

2）钻孔桩中距不应小于桩径的 2.5 倍。

3）挖孔桩中距可按钻孔桩采用。

3 支承或嵌固在基岩中的端承型钻（挖）孔桩的中距不宜小于桩径的 2 倍。

4 钻（挖）孔扩底灌注桩的中距不应小于 1.5 倍扩底直径和扩底直径加 1m 的较大者。

5 对边桩（或角桩）外侧与承台边缘的距离，桩直径（或边长）小于或等于 1m 时，不应小于 0.5 倍桩径（或边长）且不应小于 250mm；桩直径大于 1m 时，不应小于 0.3 倍桩径（或边长）且不应小于 500mm。

6.2.7 承台和横系梁的构造应符合下列规定：

1 承台的厚度不宜小于桩直径的 1.5 倍，且不宜小于 1.5m。混凝土强度等级不应低于 C25，当采用强度标准值 400MPa 及以上钢筋时不应低于 C30。

2 当桩顶直接埋入承台连接时，应在每根桩的顶面上设 1~2 层钢筋网。当桩顶主筋伸入承台时，承台底面内宜设一层钢筋网，底面内每一方向的钢筋用量宜为 1 200 ~ 1 500mm²/m，钢筋直径宜采用 12 ~ 16mm。

3 当用横系梁加强桩之间的整体性时，横系梁的高度可取 0.8 ~ 1.0 倍的桩直径，宽度可取 0.6 ~ 1.0 倍的桩直径。混凝土的强度等级不应低于 C25，当采用强度标准值 400MPa 及以上钢筋时不应低于 C30。纵向钢筋不应少于横系梁截面面积的 0.15%。箍筋直径不应小于 8mm，且其间距不应大于 400mm。

6.2.8 桩与承台、横系梁的连接应符合下列规定：

1 对混凝土桩直接埋入承台的连接，当桩径（或边长）小于 0.6m 时，埋入长度不应小于 2 倍桩径（或边长）；当桩径（或边长）为 0.6 ~ 1.2m 时，埋入长度不应小于 1.2m；当桩径（或边长）大于 1.2m 时，埋入长度不应小于桩径（或边长）。

2 对混凝土桩主筋伸入承台的连接，桩身嵌入承台内的深度可采用 100mm；伸入承台内的桩顶主筋可做成喇叭形（相对竖直线倾斜约 15°）；伸入承台内的主筋长度，HPB300 钢筋不应小于 40 倍钢筋直径（设弯钩），带肋钢筋不应小于 35 倍钢筋直径（不设弯钩）。

3 对大直径灌注桩的一柱一桩连接，可设置横系梁或将桩与柱直接连接。

4 对混凝土管桩与承台的连接，伸入承台内的纵向钢筋如采用插筋，插筋数量不应少于 4 根，直径不应小于 16mm，锚入承台长度不宜小于 35 倍钢筋直径，插入管桩顶的填芯混凝土长度不宜小于 1.0m。

5 钢管桩与承台之间应采用固结连接，并应满足连接部受力需要。固结连接可采用如下一种或几种方式的组合：

1）桩顶直接伸入承台［图 6.2.8 a)］，钢管桩伸入承台部分应设置必要的剪力键。

2）桩顶部可设置锚固件或锚固钢筋［图 6.2.8 b)］，锚固钢筋伸入承台长度应符合本条第 2 款的规定。

3）桩顶部可设置桩芯钢筋混凝土。桩芯钢筋混凝土与承台的连接应符合本条第 2 款的规定，钢管内桩芯混凝土的长度、配筋应满足受力要求。

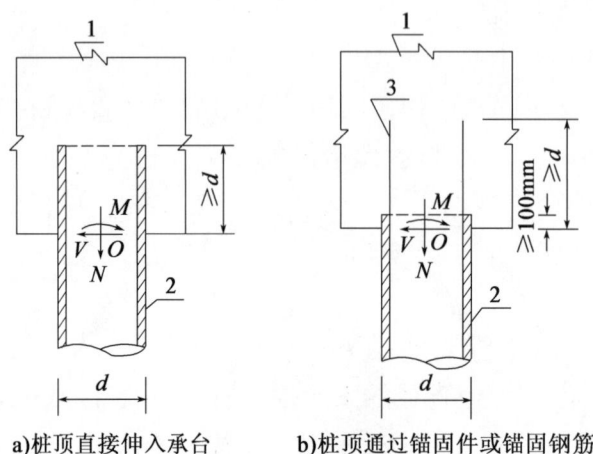

a)桩顶直接伸入承台　　　　　b)桩顶通过锚固件或锚固钢筋

图 6.2.8　钢管桩与承台的连接

1-承台；2-钢管桩；3-锚固件或锚固钢筋

6 横系梁的主钢筋应伸入桩内，其长度不应小于 35 倍主筋直径。

6.3 计算

6.3.1 桩的计算可按下列规定进行：

1 承台底面以上的荷载假定全部由桩承受。

2 桥台土压力自填土前的原地面起算。

6.3.2 在软土和软弱地基土层较厚、持力层较好的地基中，桩基计算应考虑路基填土荷载或地下水位下降等因素引起的负摩阻力。

6.3.3 对支承在土层中的钻（挖）孔灌注桩，其单桩轴向受压承载力特征值 R_a 可按下列公式计算：

$$R_a = \frac{1}{2}u\sum_{i=1}^{n}q_{ik}l_i + A_p q_r \tag{6.3.3-1}$$

$$q_r = m_0\lambda\left[f_{a0} + k_2\gamma_2(h-3)\right] \tag{6.3.3-2}$$

式中：R_a——单桩轴向受压承载力特征值（kN），桩身自重与置换土重（当自重计入浮力时，置换土重也计入浮力）的差值计入作用效应；

u——桩身周长（m）；

A_p——桩端截面面积（m²），对扩底桩，可取扩底截面面积；

n——土的层数；

l_i——承台底面或局部冲刷线以下各土层的厚度（m），扩孔部分及变截面以上 $2d$ 长度范围内不计；

q_{ik}——与 l_i 对应的各土层与桩侧的摩阻力标准值（kPa），宜采用单桩摩阻力试验确定，当无试验条件时按表 6.3.3-1 选用，扩孔部分及变截面以上 $2d$ 长度范围内不计摩阻力；

q_r——修正后的桩端土承载力特征值（kPa），当持力层为砂土、碎石土时，若计算值超过下列值，宜按下列值采用：粉砂 1 000kPa；细砂 1 150kPa；中砂、粗砂、砾砂 1 450kPa；碎石土 2 750kPa；

f_{a0}——桩端土的承载力特征值（kPa），按本规范第 4.3.3 条确定；

h——桩端的埋置深度（m），对有冲刷的桩基，埋深由局部冲刷线起算；对无冲刷的桩基，埋深由天然地面线或实际开挖后的地面线起算；h 的计算值不应大于 40m，大于 40m 时，取 40m；

k_2——承载力特征值的深度修正系数，根据桩端持力层土的类别按表 4.3.4 选用；

γ_2——桩端以上各土层的加权平均重度（kN/m³），当持力层在水位以下且不透水时，均应取饱和重度；当持力层透水时，水中部分土层应取浮重度；

λ——修正系数，按表 6.3.3-2 选用；

m_0——清底系数，按表 6.3.3-3 选用。

表 6.3.3-1　钻孔桩桩侧土的摩阻力标准值 q_{ik}

土　类	状　态	q_{ik}（kPa）
中密炉渣、粉煤灰		40～60
黏性土	流塑	20～30
	软塑	30～50
	可塑、硬塑	50～80
	坚硬	80～120
粉土	中密	30～55
	密实	55～80
粉砂、细砂	中密	35～55
	密实	55～70
中砂	中密	45～60
	密实	60～80
粗砂、砾砂	中密	60～90
	密实	90～140
圆砾、角砾	中密	120～150
	密实	150～180

续表6.3.3-1

土 类	状 态	q_{ik}（kPa）
碎石、卵石	中密	160 ~ 220
	密实	220 ~ 400
漂石、块石	—	400 ~ 600

注：挖孔桩的摩阻力标准值可参照本表采用。

表6.3.3-2 修正系数 λ 值

桩端土情况	l/d		
	4 ~ 20	20 ~ 25	> 25
透水性土	0.70	0.70 ~ 0.85	0.85
不透水性土	0.65	0.65 ~ 0.72	0.72

表6.3.3-3 清底系数 m_0

t_0/d	0.3 ~ 0.1
m_0	0.7 ~ 1.0

注：1. t_0、d 为桩端沉渣厚度和桩的直径。
　　2. $d \leqslant 1.5$m 时，$t_0 \leqslant 300$mm；$d > 1.5$m 时，$t_0 \leqslant 500$mm。同时满足条件 $0.1 < t_0/d < 0.3$。

6.3.4　对符合本规范附录 K 规定的后压浆灌注桩单桩轴向受压承载力特征值 R_a，可按下式计算：

$$R_a = \frac{1}{2} u \sum_{i=1}^{n} \beta_{si} q_{ik} l_i + \beta_p A_p q_r \qquad (6.3.4)$$

式中：R_a——后压浆灌注桩的单桩轴向受压承载力特征值（kN），桩身自重与置换土重（当自重计入浮力时，置换土重也计入浮力）的差值计入作用效应；

　　　β_{si}——第 i 层土的侧阻力增强系数，可按表 6.3.4 取值；在饱和土层中桩端压浆时，仅对桩端以上 10.0 ~ 12.0m 范围内的桩侧阻力进行增强修正；在非饱和土层中桩端压浆时，仅对桩端以上 5.0 ~ 6.0m 的桩侧阻力进行增强修正；在饱和土层中桩侧压浆时，仅对压浆断面以上 10.0 ~ 12.0m 范围内的桩侧阻力进行增强修正；在非饱和土层中桩侧压浆时，仅对压浆断面上下各 5.0 ~ 6.0m 范围内的桩侧阻力进行增强修正；对非增强影响范围，$\beta_{si} = 1$；

　　　β_p——端阻力增强系数，可按表 6.3.4 取值；

其他符号同本规范式（6.3.3-1）。

表6.3.4 后压浆侧阻力增强系数 β_s、端阻力增强系数 β_p

土层名称	淤泥质土	黏土、粉质黏土	粉土	粉砂	细砂	中砂	粗砂、砾砂	角砾、圆砾	碎石、卵石	全风化岩、强风化岩
β_s	1.2 ~ 1.3	1.3 ~ 1.4	1.4 ~ 1.5	1.5 ~ 1.6	1.6 ~ 1.7	1.7 ~ 1.9	1.8 ~ 2.0	1.6 ~ 1.8	1.8 ~ 2.0	1.2 ~ 1.4
β_p	—	1.6 ~ 1.8	1.8 ~ 2.1	1.9 ~ 2.2	2.0 ~ 2.3	2.0 ~ 2.3	2.2 ~ 2.4	2.2 ~ 2.5	2.3 ~ 2.5	1.3 ~ 1.6

注：对稍密和松散状态的砂、碎石土可取较高值，对密实状态的砂、碎石土可取较低值。

6.3.5 支承在土层中的沉桩单桩轴向受压承载力特征值 R_a 可按下式计算：

$$R_a = \frac{1}{2} \left(u \sum_{i=1}^{n} \alpha_i l_i q_{ik} + \alpha_r \lambda_p A_p q_{rk} \right) \tag{6.3.5}$$

式中：R_a——单桩轴向受压承载力特征值（kN），桩身自重与置换土重（当自重计入浮力时，置换土重也计入浮力）的差值计入作用效应；

u——桩身周长（m）；

n——土的层数；

l_i——承台底面或局部冲刷线以下各土层的厚度（m）；

q_{ik}——与 l_i 对应的各土层与桩侧摩阻力标准值（kPa），宜采用单桩摩阻力试验或静力触探试验测定，当无试验条件时按表6.3.5-1选用；

q_{rk}——桩端土的承载力标准值（kPa），宜采用单桩试验或静力触探试验测定，当无试验条件时按表6.3.5-2选用；

α_i、α_r——分别为振动沉桩对各土层桩侧摩阻力和桩端承载力的影响系数，按表6.3.5-3取用；对锤击、静压沉桩其值均取1.0；

λ_p——桩端土塞效应系数。对闭口桩取1.0；对开口桩，$1.2\text{m} < d \leqslant 1.5\text{m}$ 时取 $0.3 \sim 0.4$，$d > 1.5\text{m}$ 时取 $0.2 \sim 0.3$。

表6.3.5-1 沉桩桩侧土的摩阻力标准值 q_{ik}

土 类	状 态	摩阻力标准值 q_{ik}（kPa）
黏性土	流塑（$1.5 \geqslant I_L \geqslant 1$）	$15 \sim 30$
	软塑（$1 > I_L \geqslant 0.75$）	$30 \sim 45$
	可塑（$0.75 > I_L \geqslant 0.5$）	$45 \sim 60$
	可塑（$0.5 > I_L \geqslant 0.25$）	$60 \sim 75$
	硬塑（$0.25 > I_L \geqslant 0$）	$75 \sim 85$
	坚硬（$0 > I_L$）	$85 \sim 95$
粉土	稍密	$20 \sim 35$
	中密	$35 \sim 65$
	密实	$65 \sim 80$
粉、细砂	稍密	$20 \sim 35$
	中密	$35 \sim 65$
	密实	$65 \sim 80$
中砂	中密	$55 \sim 75$
	密实	$75 \sim 90$
粗砂	中密	$70 \sim 90$
	密实	$90 \sim 105$

注：1. 表中土的液性指数 I_L 为按76g平衡锥测定的数值。

2. 对钢管桩宜取小值。

表6.3.5-2 沉桩桩端处土的承载力标准值 q_{rk}

土 类	状 态	桩端承载力标准值 q_{rk}（kPa）		
黏 性 土	$I_L \geqslant 1$	1 000		
	$1 > I_L \geqslant 0.65$	1 600		
	$0.65 > I_L \geqslant 0.35$	2 200		
	$0.35 > I_L$	3 000		
—		桩尖进入持力层的相对深度		
		$1 > \dfrac{h_c}{d}$	$4 > \dfrac{h_c}{d} \geqslant 1$	$\dfrac{h_c}{d} \geqslant 4$
粉土	中密	1 700	2 000	2 300
	密实	2 500	3 000	3 500
粉砂	中密	2 500	3 000	3 500
	密实	5 000	6 000	7 000
细砂	中密	3 000	3 500	4 000
	密实	5 500	6 500	7 500
中、粗砂	中密	3 500	4 000	4 500
	密实	6 000	7 000	8 000
圆砾石	中密	4 000	4 500	5 000
	密实	7 000	8 000	9 000

注：表中 h_c 为桩端进入持力层的深度（不包括桩靴）；d 为桩身直径或边长。

表6.3.5-3 影响系数 α_i、α_r 值

桩径或边长 d（m）	系数 α_i、α_r			
	黏土	粉质黏土	粉土	砂土
$0.8 \geqslant d$	0.6	0.7	0.9	1.1
$2.0 \geqslant d > 0.8$	0.6	0.7	0.9	1.0
$d > 2.0$	0.5	0.6	0.7	0.9

6.3.6 当采用静力触探试验测定桩侧摩阻力和桩端土承载力时，沉桩承载力特征值计算中的 q_{ik} 和 q_{rk} 宜按下列公式计算：

$$q_{ik} = \beta_i \bar{q}_i \qquad (6.3.6\text{-}1)$$

$$q_{rk} = \beta_r \bar{q}_r \qquad (6.3.6\text{-}2)$$

当土层的 $\bar{q}_r$ 大于2 000kPa 且 $\bar{q}_i / \bar{q}_r$ 小于或等于0.014 时：

$$\beta_i = 5.067(\bar{q}_i)^{-0.45} \qquad (6.3.6\text{-}3)$$

$$\beta_r = 3.975(\bar{q}_r)^{-0.25} \qquad (6.3.6\text{-}4)$$

否则：

$$\beta_i = 10.045(\overline{q}_i)^{-0.55} \tag{6.3.6-5}$$

$$\beta_r = 12.064(\overline{q}_r)^{-0.35} \tag{6.3.6-6}$$

式中：$\overline{q}_i$——由静力触探测得的桩侧第 i 层土局部侧摩阻力的平均值（kPa），当 $\overline{q}_i$ 小于 5kPa 时，取 5kPa；

$\overline{q}_r$——桩端（不包括桩靴）高程 $\pm 4d$（d 为桩身直径或边长）范围内静力触探端阻的平均值（kPa）；桩端高程以上 $4d$ 范围内端阻的平均值大于桩端高程以下 $4d$ 的端阻平均值时，可取桩端以下 $4d$ 范围内端阻的平均值；

β_i、β_r——分别为侧摩阻和端阻的综合修正系数，式（6.3.6-3）～式（6.3.6-6）不适用于城市杂填土条件下的短桩，用于黄土或其他特殊土地区时，需要做试桩校核。

6.3.7 对支承在基岩上或嵌入基岩中的钻（挖）孔桩、沉桩，其单桩轴向受压承载力特征值 R_a 可按下式计算：

$$R_a = c_1 A_p f_{rk} + u \sum_{i=1}^{m} c_{2i} h_i f_{rki} + \frac{1}{2} \zeta_s u \sum_{i=1}^{n} l_i q_{ik} \tag{6.3.7}$$

式中：c_1——根据岩石强度、岩石破碎程度等因素而确定的端阻力发挥系数，见表 6.3.7-1；

A_p——桩端截面面积（m²），对扩底桩，取扩底截面面积；

f_{rk}——桩端岩石饱和单轴抗压强度标准值（kPa），黏土岩取天然湿度单轴抗压强度标准值，f_{rk} 小于 2MPa 时按支承在土层中的桩计算；

f_{rki}——第 i 层的 f_{rk} 值；

c_{2i}——根据岩石强度、岩石破碎程度等因素而定的第 i 层岩层的侧阻发挥系数，见表 6.3.7-1；

u——各土层或各岩层部分的桩身周长（m）；

h_i——桩嵌入各岩层部分的厚度（m），不包括强风化层、全风化层及局部冲刷线以上基岩；

m——岩层的层数，不包括强风化层和全风化层；

ζ_s——覆盖层土的侧阻力发挥系数，其值应根据桩端 f_{rk} 确定，见表 6.3.7-2；

l_i——承台底面或局部冲刷线以下各土层的厚度（m）；

q_{ik}——桩侧第 i 层土的侧阻力标准值（kPa），应采用单桩摩阻力试验值，当无试验条件时，对钻（挖）孔桩可按表 6.3.3-1 选用，对沉桩可按表 6.3.5-1 选用，扩孔部分不计摩阻力；

n——土层的层数，强风化和全风化岩层按土层考虑。

表 6.3.7-1　发挥系数 c_1、c_2

岩石层情况	c_1	c_2
完整、较完整	0.6	0.05
较破碎	0.5	0.04
破碎、极破碎	0.4	0.03

注：1. 入岩深度小于或等于 0.5m 时，c_1 乘以 0.75 的折减系数，$c_2 = 0$。

2. 对钻孔桩，系数 c_1、c_2 值降低 20% 采用。对桩端沉渣厚度 t，$d \leqslant 1.5$m 时，$t \leqslant 50$mm；$d > 1.5$m 时，$t \leqslant 100$mm。

3. 对中风化层作为持力层的情况，c_1、c_2 分别乘以 0.75 的折减系数。

表 6.3.7-2　覆盖层土的侧阻力发挥系数 ζ_s

f_{rk}（MPa）	2	15	30	60
ζ_s	1.0	0.8	0.5	0.2

注：ζ_s 值可内插计算。当 $f_{rk} > 60$MPa 时，ζ_s 可按 $f_{rk} = 60$MPa 取值。

6.3.8　桩基按嵌岩设计时，其嵌入基岩中的有效深度可按下列公式计算：

1　对圆形桩，可按下式计算：

$$h_r = \frac{1.27H + \sqrt{3.81\beta f_{rk}dM_H + 4.84H^2}}{0.5\beta f_{rk}d} \qquad (6.3.8\text{-}1)$$

2　对矩形桩，可按下式计算：

$$h_r = \frac{H + \sqrt{3\beta f_{rk}bM_H + 3H^2}}{0.5\beta f_{rk}b} \qquad (6.3.8\text{-}2)$$

式中：h_r——桩嵌入基岩中（不计强风化层、全风化层及局部冲刷线以上基岩）的有效深度（m），不应小于 0.5m；

　　　H——基岩顶面处的水平力（kN）；

　　　M_H——基岩顶面处的弯矩（kN·m）；

　　　b——垂直于弯矩的平面桩边长（m）；

　　　β——岩石的垂直抗压强度换算为水平抗压强度的折减系数，取 0.5~1.0，应根据岩层侧面构造确定，节理发育岩石取小值，节理不发育岩石取大值；

　　　f_{rk}——岩石饱和单轴抗压强度标准值（kPa）。

6.3.9　摩擦型桩的受拉要求应符合下列规定：

1　当桩的轴向力由结构自重、预加力、土重、土侧压力、汽车荷载和人群荷载的频遇组合引起时，桩不得受拉。

2　当桩的轴向力由上述荷载与其他可变作用、偶然作用的频遇组合或偶然组合引起时，桩可受拉，其单桩轴向受拉承载力特征值按下式计算：

$$R_t = 0.3u\sum_{i=1}^{n}\alpha_i l_i q_{ik} \qquad (6.3.9)$$

式中：R_t——单桩轴向受拉承载力特征值（kN）；

u——桩身周长（m），对等直径桩，$u = \pi d$；对扩底桩，自桩端起算的长度

　　　$\sum l_i \leqslant 5d$时取 $u = \pi D$，其余长度均取 $u = \pi d$（其中 D 为桩的扩底直径，

　　　d 为桩身直径）；

α_i——振动沉桩对各土层桩侧摩阻力的影响系数，按表6.3.5-3采用；对锤击、

　　　静压沉桩和钻孔桩，$\alpha_i = 1$。

　　3　计算作用于承台底面由外荷载引起的轴向力时，应扣除桩身自重。

6.3.10　计算桩内力时，可采用m法（见本规范附录L和附录M）或其他可靠的方法。钢管混凝土组合桩的截面刚度可按下列公式计算：

$$EA = E_c A_c + E_s A_s \qquad (6.3.10\text{-}1)$$
$$EI = E_c I_c + E_s I_s \qquad (6.3.10\text{-}2)$$
$$GA = G_c A_c + G_s A_s \qquad (6.3.10\text{-}3)$$

式中：EA——钢管混凝土组合桩的截面压缩刚度；

　　　EI——钢管凝土组合桩的截面抗弯刚度；

　　　GA——钢管凝土组合桩的截面剪切刚度；

下标 c、s——分别表示混凝土和钢管对应的参数。

6.3.11　对9根桩及以上的多排摩擦型桩群桩，桩端平面内桩距小于6倍桩径时，群桩可作为整体基础验算桩端平面处土的承载力，其验算方法可按本规范附录N进行。当桩端平面以下有软土层或软弱地基时，还应按本规范第5.2.6条验算该土层的承载力。

6.3.12　桩基为端承桩或桩端平面内桩的中距大于桩径（或边长）的6倍时，桩基的总沉降量可取单桩的沉降量。在其他情况下，应按本规范第5.3.4条的规定作为墩台基础计算群桩的沉降量，并应计入桩身压缩量。

6.3.13　桩基位于季节性冻胀土层中时，应验算桩的抗冻拔稳定性，计算方法可参照本规范附录H。

7 沉井基础

7.1 一般规定

7.1.1 当桥梁墩台基础处的河床地质、水文及施工等条件适宜时，可选用沉井基础。但在河床中有孤石、树干或老桥基等难于清除的障碍物时，或岩层表面倾斜较大及施工过程中可能出现流砂时，不宜采用沉井基础。

7.1.2 根据规模、地质条件和施工方法，沉井可采用混凝土、钢筋混凝土、钢壳混凝土等材质。混凝土沉井可用于松软土层，浮运沉井可采用钢筋混凝土薄壁或钢壳混凝土薄壁结构。

7.1.3 沉井的埋置深度应符合本规范第 5.1 节的规定。

7.1.4 沉井除应根据本规范规定将其作为整体基础进行承载能力、沉降、稳定性验算以及施工过程中的下沉与浮运验算外，还应根据其所用材料按现行《公路钢筋混凝土及预应力混凝土桥涵设计规范》（JTG 3362）等相关行业规范的规定进行构件承载能力极限状态和正常使用极限状态的验算。

7.1.5 沉井应设置必要的构造措施确保其平稳下沉，避免下沉困难、突沉、严重倾斜等不利状况出现。

7.2 构造

7.2.1 沉井的平面形状及尺寸应根据墩台身底面尺寸、地基土的承载力及施工要求确定，并应符合下列规定：

1 沉井顶面襟边宽度应满足沉井施工容许偏差、沉井顶部围水结构设置和墩台身施工等施工要求，浮式沉井不应小于 0.4m，其他沉井不应小于 0.2m；同时不应小于沉井全高的 1/50。

2 井孔的布置和大小应满足取土机具操作的需要，对顶部设置围堰的沉井，宜结合井顶围堰统一考虑。

3 沉井棱角处宜做成圆角或钝角。

7.2.2 沉井每节高度可根据沉井的平面尺寸、总高度、地基土情况和施工条件确定，应满足沉井下沉能力和下沉稳定性要求。沉井外壁可做成垂直面、斜面（斜面坡度为竖/横：20/1~50/1）或与斜面坡度相当的台阶形。

7.2.3 沉井井壁与隔墙的厚度应根据结构强度、施工下沉所需重力、便于取土和清基等因素确定，可采用0.8~2.2m。钢筋混凝土及钢壳混凝土浮运沉井的壁厚还应根据浮运要求通过计算综合确定。

7.2.4 沉井刃脚可根据地质情况采用尖刃脚或带踏面的刃脚，并应符合下列规定：

1 不宜采用混凝土结构，如土质坚硬，刃脚面应以型钢加强或底节外壳采用钢结构。

2 刃脚底面宽度可为0.1~0.2m，对软土地基可适当放宽。

3 刃脚斜面与水平面交角不宜小于45°。

4 沉井内隔墙底面比刃脚底面至少应高出0.5m。

5 当沉井需要下沉至稍有倾斜的岩面上时，宜将刃脚做成与岩面倾斜度相适应的高低刃脚。

7.2.5 钢筋混凝土沉井的配筋应由计算确定，配筋率不应小于0.1%，刃脚部分的竖向主筋应伸入刃脚根部以上不小于沉井按水平框架计算的最大计算跨径的0.5倍高度，并在刃脚总高范围按剪力或构造要求设置箍筋。混凝土沉井井壁竖向接缝应设置接缝钢筋。

7.2.6 沉井各部分混凝土强度等级应符合下列规定：

1 刃脚不应低于C30，井身不应低于C25。

2 当为薄壁浮运沉井时，井壁和隔板不应低于C30，腹腔内填料不应低于C15。

3 封底混凝土强度等级，非岩石地基不应低于C25，岩石地基不应低于C20。

7.2.7 沉井封底混凝土厚度应由计算确定，封底顶面应高出刃脚根部（即刃脚斜面的顶点处）不小于0.5m。

7.2.8 沉井井孔内是否填充应根据受力和稳定性要求确定，并应满足下列要求：

1 填料可采用混凝土、片石混凝土或片石注浆混凝土；无冰冻地区也可采用粗砂和砂砾填料。

2 粗砂、砂砾填芯沉井和空心沉井的顶面均应设置钢筋混凝土盖板，盖板厚度应通过计算确定。

7.3 计算

7.3.1 沉井作为整体基础进行承载能力、沉降及稳定性验算时应符合下列规定：

1 当不考虑土的侧向作用时，可按本规范第 5 章的有关规定计算；当考虑土的侧向弹性抗力作用时，可按本规范附录 M 计算。

2 采用泥浆套施工且采取了恢复侧面土的约束能力措施后，可考虑土的弹性抗力作用。

3 对高低刃脚沉井基础，验算抗倾覆和抗滑动稳定性时，应考虑岩面倾斜等不利因素，并采取必要的措施。

7.3.2 沉井施工过程中的下沉能力可按下列规定验算：

1 当沉井内土体挖至刃脚以下，刃脚底面支撑反力为零时，可按下列公式计算下沉系数：

$$k_{st} = (G_k - F_{fw,k})/R_f \qquad (7.3.2\text{-}1)$$

$$R_f = u(h - 2.5)q \qquad (7.3.2\text{-}2)$$

式中：k_{st}——下沉系数，一般控制在 1.15～1.25 范围内；

G_k——沉井自重标准值（外加助沉重量的标准值）（kN）；

$F_{fw,k}$——下沉过程中水的浮托力标准值（kN）；

R_f——井壁总摩阻力标准值（kN），单位面积摩阻力沿深度按梯度分布，距离地面 5m 范围内按照三角形分布，其下为常数；

u——沉井下端面周长（m），对阶梯形井壁，各阶梯端的 u 值取本阶梯段的下端面周长；

h——沉井入土深度（m）；

q——井壁与土体间的摩阻力标准值按厚度的加权平均值（kPa）。井壁与土体间的摩阻力标准值应根据实测资料或实践经验确定；当缺乏资料时，可根据土的性质、施工措施，按表 7.3.2 选用。

表 7.3.2 井壁与土体间的摩阻力标准值

土 的 名 称	摩阻力标准值（kPa）
黏性土	25～50
砂土	12～25
卵石	15～30
砾石	15～20
软土	10～12
泥浆套	3～5

注：泥浆套为灌注在井壁外侧的触变泥浆，是一种助沉材料。

2 当下沉系数较大，或在下沉过程中遇有软弱土层时，可采用下列公式进行沉井的下沉稳定验算：

$$k_{st,s} = (G_k - F'_{fw,k})/(R'_f + R_b) \tag{7.3.2-3}$$

$$R_b = R_1 + R_2 \tag{7.3.2-4}$$

$$R_1 = U\left(c + \frac{n}{2}\right) \cdot 2 \cdot f_a \tag{7.3.2-5}$$

$$R_2 = 2 \cdot A_1 \cdot f_a \tag{7.3.2-6}$$

式中：$k_{st,s}$——下沉稳定系数，一般控制在 0.8~0.9 范围内；

$F'_{fw,k}$——验算状态下水的浮力标准值（kN）；

R'_f——验算状态下井壁总摩阻力标准值（kN），可按式（7.3.2-2）计算；

R_b——沉井刃脚、隔墙和底梁下地基土的承载力标准值之和（kN）；

R_1——刃脚踏面及斜面下土的支撑力（kN）；

U——侧壁外围周长（m）；

c——刃脚踏面宽度（m）；

f_a——地基土的承载力特征值（kPa），当缺乏资料时可按本规范第 4.3 节规定取值；

R_2——隔墙和底梁下土的支承反力（kN）；

A_1——隔墙和底梁的总支承面积（m²）。

7.3.3 沉井井壁施工过程中的承载能力验算应考虑实际施工可能发生的最不利工况，可按本规范附录 P 的规定计算。

7.3.4 沉井刃脚抗弯承载能力验算应考虑实际施工过程中可能发生的最不利工况，可按本规范附录 Q 的规定计算。

7.3.5 底节以上沉井应考虑静水压力、流水压力、波浪力、风力、导向结构反力、锚缆拉力、井内填充混凝土侧压力等作用，按最不利工况分别验算井壁和内隔墙的承载能力。

7.3.6 封底混凝土的厚度应根据基底的水压力、地基土的向上反力、井孔内填料情况以及封底混凝土各受力阶段要求计算确定，计算时应考虑下列因素：

1 封底后需要抽水施工的，封底混凝土承受基底水和土的向上反力，并按抽水时封底混凝土的实际强度等级计算。

2 井孔内不填充混凝土的，封底混凝土承受沉井基础全部荷载所产生的基底反力，井孔内如填砂宜扣除其重力作用。

3 井孔内填充混凝土（或片石混凝土）的，封底混凝土承受沉井基础全部荷载所产生的基底反力和填充混凝土前的沉井底部的静水压力，并宜扣除填充的重力作用。

7.3.7 薄壁浮运沉井在浮运过程中（沉入河床前）应确保其横向稳定性，沉井浮体稳定倾斜角 φ 可按下列公式计算：

$$\varphi = \tan^{-1}\frac{M}{\gamma_{\mathrm{w}}V(\rho - a)} \tag{7.3.7-1}$$

$$\rho = \frac{I}{V} \tag{7.3.7-2}$$

式中：φ——沉井在浮运阶段的倾斜角，不应大于 $6°$，并应满足 $(\rho - a) > 0$；

$\quad M$——外力矩（$kN \cdot m$）；

$\quad V$——排水体积（m^3）；

$\quad a$——沉井重心至浮心的距离（m），重心在浮心之上为正，反之为负；

$\quad \rho$——定倾半径，即定倾中心至浮心的距离（m）；

$\quad I$——薄壁沉井浮体排水截面面积的惯性矩（m^4）；

$\quad \gamma_{\mathrm{w}}$——水的重度，$\gamma_{\mathrm{w}} = 10kN/m^3$。

8 地下连续墙

8.1 一般规定

8.1.1 本章适用于公路桥梁现浇混凝土地下连续墙基坑支护结构与地下连续墙基础的设计。

8.1.2 地下连续墙基坑支护结构的设计安全等级及结构重要性系数应根据支护结构破坏、土体失稳或过大变形对基坑周边环境及地下结构施工造成影响的严重性按表8.1.2确定。

表 8.1.2 支护结构安全等级及重要性系数

安 全 等 级	破 坏 后 果	γ_0
一级	很严重	1.1
二级	严重	1.0
三级	不严重	0.9

8.1.3 地下连续墙基坑支护结构设计应符合下列规定：
1 综合考虑工程地质与水文地质、基础类型、上部结构条件、基坑开挖深度、降排水条件、周边环境要求和使用期限等因素。
2 保证岩土开挖、地下结构施工的安全。

8.1.4 地下连续墙基础设计应符合下列规定：
1 综合考虑工程地质与水文地质等因素，做到因地制宜、合理设计。
2 保证不发生影响上部结构功能的沉降、水平移动、倾斜等。

8.1.5 地下连续墙设计应对质量检测、环境监测和现场试验等提出相关要求。

8.1.6 对特殊地质条件地区，应结合地区工程经验应用。

8.2 支护结构

8.2.1 应对基坑支护结构体系方案进行技术经济比选，并对支护结构的强度、稳定和变形进行计算和验算。

8.2.2 支护结构的支承系统设计应满足下列要求：

1 内支撑应采用稳定的结构体系和连接构造，刚度应满足变形要求。设计应包括结构布置、结构内力和变形计算、构件强度和稳定性验算、构件结点设计及构件安装和拆除流程设计。

2 土层锚杆（锚索）设计应包括结构布置、轴向承载力验算、土体稳定性验算。

3 内环梁、内衬设计应包括结构布置、受力计算、强度和稳定性验算。

8.2.3 支护结构设计应考虑结构水平变形、地下水的变化对周边环境的水平与竖向变形的影响。对安全等级为一级或对周边环境变形有限定要求的二级基坑工程，应根据周边环境的重要性、对变形的适应能力及土的性质等因素确定支护结构的水平变形限值。

8.2.4 地下连续墙在基坑开挖面以下的入土深度应满足基坑支护结构稳定性及变形验算的要求。可根据静力平衡条件初步选定，在进行稳定性和墙体变形验算后结合地区工程经验综合确定。当计算确定的地下连续墙入土深度接近底部岩层且在工程造价增加不多的前提下，宜将墙体嵌入岩层。

8.2.5 支护结构应根据不同设计状况，分别按下列要求进行承载能力极限状态和正常使用极限状态设计：

1 承载能力极限状态应包括下列计算内容：

1）土体稳定性计算；

2）墙体结构强度和稳定性计算；

3）支承系统承载力和稳定性计算。

2 正常使用极限状态应包括结构变形、抗裂和裂缝宽度验算。

8.2.6 支护结构应根据不同设计状态，按施工过程的不同工况进行作用组合。

8.2.7 支护结构的构造应符合下列规定：

1 墙体的截面形式和分段长度应根据整体平面布置、受力情况、槽壁稳定性、环境条件和施工条件等确定，单元墙段长度可取 4~8m。墙体厚度应考虑成槽机械能力由计算确定，不宜小于 600mm。成槽竖直度不应大于 1/200。

2 地下连续墙应满足防渗要求。墙体、内支撑、内环梁（含竖肋）及内衬的混凝土强度等级均不应低于 C25。当地下水具有侵蚀性时，应选择适用的抗侵蚀混凝土，混凝土强度等级、原材料及主要配合比指标还应满足现行《公路工程混凝土结构防腐蚀技术规范》（JTG/T B07-01）的相关规定。

3 墙体主筋净保护层厚度应根据使用要求、地质条件、施工条件和环境条件确定，不宜小于70mm。墙体的受力钢筋直径不宜小于20mm，且不应大于40mm；构造钢筋直径不宜小于16mm。

4 墙体单元槽段间可采用接头管接头。当整体性和抗渗性要求较高时，宜采用铣削接头、钢隔板或接头箱等接头形式。

5 地下连续墙钢筋笼的钢筋配置应满足下列要求：

1）竖直主筋应放置在内侧，净距不应小于75mm，构造钢筋间距不应大于300mm。当必须配置双层钢筋时，内外排钢筋间距不应小于100mm。

2）钢筋笼竖向接头位置应选在受力较小处。钢筋笼分幅长度应根据单元槽段长度、接头形式和起重设备能力等因素确定。

3）钢筋笼底部在厚度方向宜适当缩窄，并与墙底之间宜留100～500mm的空隙。主筋应伸入墙顶帽梁内，伸入长度不应小于锚固长度。

4）采用接头管接头时，钢筋笼侧端与接头管之间宜留150～200mm的空隙；采用铣削接头时，钢筋笼侧端与混凝土端面之间宜留不小于250mm的空隙。

5）钢筋连接宜采用机械连接。采用绑扎搭接时应符合现行《公路钢筋混凝土及预应力混凝土桥涵设计规范》（JTG 3362）的规定。

6 墙体顶部应设置混凝土帽梁，帽梁两侧应各宽于墙体不小于150mm。

7 直线形地下连续墙的内支撑可采用钢结构或混凝土结构，并应满足下列要求：

1）现浇混凝土内支撑的截面竖向高度不应小于其竖向平面计算跨径的1/20。

2）腰梁的截面水平向尺寸不应小于其水平向计算跨径的1/8，截面竖向尺寸不应小于内支撑的截面高度。

3）锚杆（锚索）锚固体竖向间距不宜小于2.5m，水平向间距不宜小于1.5m。

4）锚固体上覆土层厚度不宜小于4.0m。

5）倾斜锚杆的倾角宜为15°～30°。

6）锚固段长度应通过计算确定并不应小于4.0m，自由段长度不宜小于5.0m，并应超过潜在破裂面1.5m。

8 圆形地下连续墙支护结构的内环梁（含竖肋）或内衬的截面高度及厚度应根据计算确定，竖肋可按构造配筋。

8.2.8 地下连续墙的侧向作用应包括土压力、水压力、基坑周围建（构）筑物、地面超载及施工荷载引起的侧向压力、温度变化及冻胀影响、临水波浪作用等。

8.2.9 主动土压力、被动土压力可采用朗金或库仑土压力理论计算。当支护结构水平位移有严格限制时，应采用静止土压力计算。

8.2.10 对作用在支护结构上的土压力和水压力，砂土宜按水土分算的原则计算；黏性土宜按水土合算的原则计算；也可按地区经验确定。

8.2.11 按变形控制原则设计支护结构时，作用在地下连续墙上的土压力可按墙体与土体相互作用原理确定，可按本规范附录 R 的方法计算。

8.2.12 直线形地下连续墙支护结构计算应符合下列规定：

1 应进行抗倾覆（嵌固）稳定性、整体抗滑移稳定性、坑底抗隆起稳定性、地下水抗渗流和抗突涌稳定性验算。

2 地下连续墙的内力和变形可按本规范附录 S 规定的竖向弹性地基梁法计算。

8.2.13 直线形地下连续墙支护结构构件计算应符合下列规定：

1 墙体、内支撑、立柱应按偏心受压构件计算。

2 腰梁可按水平方向的受弯构件计算。当腰梁与水平内支撑斜交或腰梁作为边桁架的弦杆时，应按偏心受压构件计算。

3 土层锚杆（锚索）的杆体应按轴心受拉构件计算。自由段和锚固段长度、锚固体直径、锚固体形状和浆体强度，应根据锚杆（锚索）轴向设计拉力、土层抗拔力及握裹力确定。外锚头和腰梁应根据锁定荷载值进行设计。

8.2.14 圆形地下连续墙支护结构计算应符合下列规定：

1 应进行稳定性验算，验算内容应符合本规范第 8.2.13 条第 1 款的规定。

2 应进行土压力和水压力作用下的结构失稳验算，结构失稳的临界荷载宜按空间结构计算，也可简化为圆环按下列公式验算：

$$q_{pk} = \frac{3EI}{R_0^3 h} \tag{8.2.14-1}$$

$$Kq_{tk} \leq q_{pk} \tag{8.2.14-2}$$

式中：q_{pk}——沿环向分布的临界荷载标准值（kN/m^2）；

E——混凝土的弹性模量（kN/m^2）；

I——在计算所取高度范围内的截面惯性矩（m^4）；

R_0——计算所取的圆环中心线半径（m）；

h——计算所取的圆环高度（m）；

q_{tk}——作用标准值组合（kN/m^2）；

K——稳定安全系数，取 4。

3 圆形地下连续墙支护结构宜按空间结构计算，也可按轴线对称结构取单位宽度的地下连续墙墙体作为竖向弹性地基梁和本规范附录 T 规定的方法计算。墙体、内环梁或内衬的环向效应，可按轴线对称结构简化为等效弹性支承。

4 内环梁或内衬的内力及变形可按平面刚架环形梁计算。应考虑地层、地下水、地面荷载分布的不均匀性，以及圆环向外侧变形区域的土体对内环梁或内衬的约束作用。

8.3 基础

8.3.1 根据墙段单元之间的连接组合、平面布置以及使用功能可分为条壁式地下连续墙基础、井筒式地下连续墙基础和部分地下连续墙基础。

8.3.2 墙端应进入良好的持力层，墙体在持力层内的埋设深度应大于墙体厚度。当持力层为非岩石地基时，应优先考虑增加墙体的埋置深度以提高竖向承载力。

8.3.3 基础的截面形状和平面布置，宜使其形心与上部结构永久作用合力作用点一致。

8.3.4 基础结构设计应按不同设计状况，分别按下列要求进行承载能力极限状态和正常使用极限状态设计：
    1 承载能力极限状态应包括下列计算内容：
    1) 地基承载力计算；
    2) 地下连续墙结构强度计算；
    3) 顶板结构强度计算。
    2 正常使用极限状态应包括地下连续墙及顶板的结构变形、抗裂和裂缝宽度验算。

8.3.5 基础周围土体因自重固结或受地面大面积荷载等影响而产生地面沉降时，应考虑由此而引起的墙侧负摩阻力对墙体竖向承载力和沉降的影响。

8.3.6 基础的竖向承载力及水平承载力宜通过现场载荷试验确定。

8.3.7 基础构造应符合下列规定：
    1 除墙体厚度外，墙体的构造设计应符合本规范第8.2.7条第1~5款的规定。
    2 墙体厚度应结合成槽机械能力及墙段布置由计算确定，不应小于800mm。井筒式地下连续墙基础单室宽度不宜小于5m且不宜大于10m；其外周墙和隔墙宜采用相同厚度。
    3 墙顶应设置顶板，混凝土强度等级不应低于C30。墙体应进入顶板100~200mm；竖向钢筋应伸入顶板内，长度不应小于$b/2$与钢筋锚固长度l_a之和（图8.3.7）。单壁式地下连续墙基础墙顶可不设顶板。
    4 竖向受拉钢筋的配筋率不应小于有效计算截面面积的0.3%，水平受拉钢筋的配筋率不应小于计算截面面积的0.2%，接头部位的接合面水平钢筋的配筋率不宜小于一般部位水平钢筋配筋率的2倍。
    5 井筒式地下连续墙基础的外周墙墙段之间必须采用刚性接头；内隔墙宜采用刚

性接头，条件不允许时也可采用铰接接头。

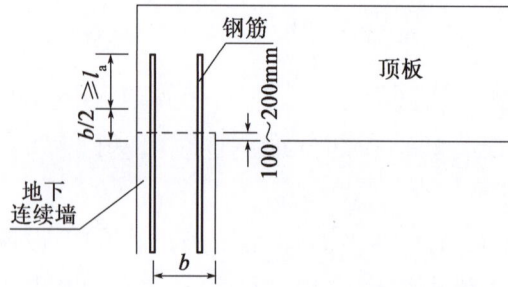

图 8.3.7　墙体顶板构造
b-外侧竖向钢筋至墙体内侧面的距离

8.3.8　地下连续墙基础结构受力应采用可靠的方法按空间结构计算。

8.3.9　井筒式地下连续墙基础的构件计算应符合下列规定：

1　根据空间计算求出的各深度截面内力进行竖向箱形截面强度的计算。

2　按平面刚架进行水平受力计算。

3　顶板按支承于地下连续墙的板梁进行计算，计算时不考虑内部土体的作用。当顶板厚度超过计算跨径的 0.5 倍（简支）或 0.4 倍（连续梁）时，可将其作为深梁计算。

8.3.10　兼作基坑支护结构的基础墙体，应符合本规范第 8.2 节的规定。

9 特殊地基和基础

9.1 软弱地基

9.1.1 软弱地基上的桥涵设计应充分考虑沉降变形和承载力要求，选择合理的上部结构和基础形式；必要时，应对软弱地基进行加固处理。

9.1.2 软弱地基加固可采用砂砾垫层、砂石桩、砂井预压方法，也可根据实际条件采用水泥搅拌桩、石灰桩、振冲碎石桩、锤击夯实、强夯和浆液灌注等方法。

9.1.3 砂砾垫层可用于淤泥、淤泥质土、冲填土、素填土、杂填土的浅层处理。砂砾垫层材料可采用中砂、粗砂、砾砂和碎（卵）石，砾料粒径不宜大于50mm；不宜含植物残体等杂质，其中黏粒含量不应大于5%，粉粒含量不应大于25%。

9.1.4 砂砾垫层的顶面尺寸应较基底尺寸每边加宽不小于0.3m，厚度不宜小于0.5m且不宜大于3m，并应符合下列规定：

1 垫层的厚度 z 应根据下卧土层的承载力确定，并满足下式要求：

$$p_{0k} + p_{gk} \leqslant \gamma_R f_a \tag{9.1.4-1}$$

对条形基础：

$$p_{0k} = \frac{b(p'_{0k} - p'_{gk})}{b + 2z\tan\theta} \tag{9.1.4-2}$$

对矩形基础：

$$p_{0k} = \frac{bl(p'_{0k} - p'_{gk})}{(b + 2z\tan\theta)(l + 2z\tan\theta)} \tag{9.1.4-3}$$

注：条形基础为长宽比大于或等于10的矩形基础。

式中：p_{0k}——垫层底面处的附加压应力（kPa）；

p_{gk}——垫层底面处土的自重压应力（kPa）；

f_a——垫层底面处地基的承载力特征值（kPa），按本规范第4.3.4条或第4.3.5条的规定采用；

b——矩形基础或条形基础底面的宽度（m）；

l——矩形基础底面的长度（m）；

p'_{0k}——基础底面压应力（kPa）；

p'_{gk}——基础底面处的自重压应力（kPa）；

z——基础底面下垫层的厚度（m）；

θ——垫层的压力扩散角（°），可按表9.1.4采用。

表9.1.4　垫层的压力扩散角 θ

垫 层 材 料	中砂、粗砂、砾砂、圆砾、角砾、卵石、碎石	
z/b	0.25	$\geqslant 0.5$
θ（°）	20	30

注：当 $0.25 < z/b < 0.5$ 时，θ 值可内插确定；当 $z/b < 0.25$ 时，取 $0°$。

2　垫层的宽度应满足基底压力扩散的要求，可按下式或根据当地经验确定：

$$b_1 \geqslant b + 2z\tan\theta \tag{9.1.4-4}$$

式中：b_1——垫层底面宽度（m）；

θ——垫层的压力扩散角（°），可按表9.1.4采用；当 $z/b < 0.25$ 时，按表中 $z/b = 0.25$ 取值。

9.1.5　垫层承载力特征值 f_a 宜通过现场试验确定；当无试验资料时，可按表9.1.5参考采用。

表9.1.5　各种垫层承载力特征值 f_a

施工方法	垫 层 材 料	压实系数 λ_c		承载力特征值 f_a（kPa）
		重型击实试验	轻型击实试验	
碾压、振密或夯实	碎石、卵石	$\geqslant 0.94$	$\geqslant 0.97$	$200 \sim 300$
	砂夹石（其中碎石、卵石占总质量 $30\% \sim 50\%$）			$200 \sim 250$
	土夹石（其中碎石、卵石占总质量 $30\% \sim 50\%$）			$150 \sim 200$
	中砂、粗砂、砾砂			$150 \sim 200$

注：1. 压实系数 λ_c 为土的控制干密度 ρ_d 与最大干密度 $\rho_{d,max}$ 的比值。

2. 土的最大干密度宜采用击实试验确定，最大干密度可取 $2.0 \sim 2.2 \text{t/m}^3$。

9.1.6　砂砾垫层地基的沉降量可按下列公式计算：

$$s = s_{cu} + s_s \tag{9.1.6-1}$$

$$s_{cu} = p_m \cdot \frac{z}{E_{cu}} \tag{9.1.6-2}$$

式中：s——砂砾垫层地基沉降量（mm）；

s_{cu}——垫层本身的压缩量（mm）；

s_s——下卧层沉降量（mm），可按本规范第5.3.4条～第5.3.7条规定计算；

p_m——垫层内的平均压应力（MPa），即基底平均压应力与砂砾垫层底平均压应力的平均值；

z——砂砾垫层厚度（mm）；

E_{cu}——砂砾垫层的压缩模量（MPa），无实测资料时，可取 $12 \sim 24\text{MPa}$。

9.1.7 砂石桩可用于松散砂土、素填土和杂填土地基的加固，不受沉降控制的饱和黏土地基也可采用砂石桩处理。采用砂石桩进行地基加固处理应符合下列规定：

1 砂石桩挤密地基宽度应大于基础宽度，宜每边放宽 1~3 排。砂石桩用于防止砂层液化时，每边放宽不宜小于处理深度的 1/2，且不宜小于 5m；当可液化层上覆盖有厚度大于 3m 的非液化层时，每边放宽不宜小于液化层厚度的 1/2，且不应小于 3m。

2 砂石桩直径宜根据地基土质和成桩设备确定，宜采用 0.3~0.8m，饱和黏性土地基宜选用较大直径。

3 砂石桩内填料宜用砾砂、粗砂、中砂、圆砾、角砾、卵石、碎石等，填料中含泥量不应大于 5%，且不宜含有粒径大于 50mm 的粒料。

9.1.8 砂石桩的中距应通过现场试验确定，但不宜大于砂石桩直径的 4 倍。砂石桩宜按图 9.1.8 所示布置，其中距可按下列公式估算：

等边三角形布置：
$$l_s = 0.95d\sqrt{\frac{1+e_0}{e_0-e_1}} \qquad (9.1.8\text{-}1)$$

正方形布置：
$$l_s = 0.90d\sqrt{\frac{1+e_0}{e_0-e_1}} \qquad (9.1.8\text{-}2)$$

$$e_1 = e_{max} - D_{r1}(e_{max} - e_{min}) \qquad (9.1.8\text{-}3)$$

式中：l_s——砂石桩中距（m）；

d——砂石桩直径（m）；

e_0——地基处理前砂土的孔隙比，可按原状土样试验确定，也可根据动力或静力触探等对比试验确定；

e_1——地基挤密后要求达到的孔隙比；

e_{max}、e_{min}——分别为砂土的最大、最小孔隙比；

D_{r1}——地基挤密后要求达到的相对密度，可取 0.70~0.85。

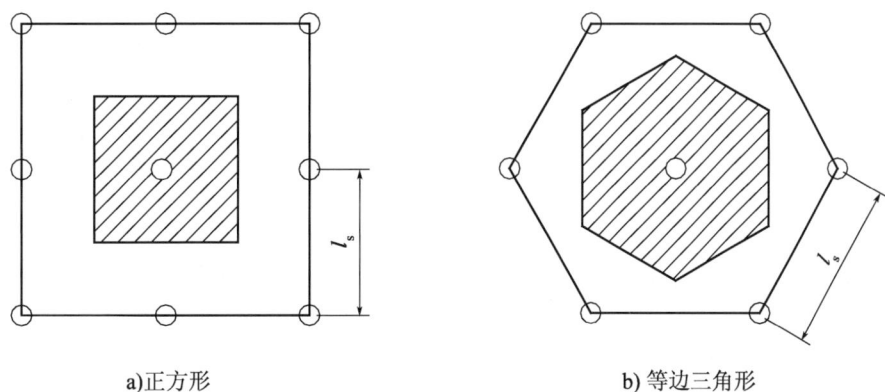

a)正方形   b) 等边三角形

图 9.1.8 砂石桩的布置及中距

9.1.9 砂井预压法可用于淤泥质土、淤泥和冲填土等饱和黏性土地基的处理。普通

砂井直径可取 $d_w = 300 \sim 500mm$；袋装砂井直径可取 $d_w = 70 \sim 100mm$。塑料排水板的当量换算直径可按下式计算：

$$D_p = \alpha \frac{2(b+\delta)}{\pi} \qquad (9.1.9)$$

式中：D_p——塑料排水板的当量换算直径（mm）；

　　　　α——换算系数，无试验资料时，可取 $\alpha = 0.75 \sim 1.00$；

　　　　b——塑料排水板宽度（mm）；

　　　　δ——塑料排水板厚度（mm）。

9.1.10 砂井的平面布置可采用等边三角形或正方形排列。砂井中距 l_s 可按下列公式计算：

等边三角形布置：
$$l_s = \frac{d_e}{1.05} \qquad (9.1.10-1)$$

正方形形布置：
$$l_s = \frac{d_e}{1.13} \qquad (9.1.10-2)$$

$$d_e = n d_w \qquad (9.1.10-3)$$

普通砂井：
$$n = 6 \sim 8 \qquad (9.1.10-4)$$

袋装砂井或塑料排水板：
$$n = 15 \sim 20 \qquad (9.1.10-5)$$

式中：d_e——一根砂井的有效排水圆柱体直径（mm）；

　　　　d_w——砂井直径（mm），见本规范第9.1.9条；

　　　　n——井径比。

9.1.11 砂井的深度应根据桥涵对地基的稳定性和变形要求，根据下列情况确定：

1　对以地基抗滑稳定性为主要要求的结构，砂井深度至少应超过最危险滑动面2m。

2　对以沉降控制的桥涵，如压缩土层厚度不大，砂井深度宜贯穿压缩层。

3　当压缩土层深厚时，砂井深度应根据在限定的预压时间内需消除的变形量确定。

9.1.12 砂井的砂料宜用中粗砂，含泥量应小于3%。

9.1.13 采用砂井预压法处理地基时应在地表铺设排水砂砾垫层，并宜满足下列要求：

1　厚度宜大于400mm。

2　砂砾垫层砂料宜采用含泥量小于5%的中粗砂，砂料中可混有少量粒径小于50mm的石粒。砂砾垫层的干密度宜大于1.5t/m³。

3　在预压区内宜设置与砂砾垫层相连的排水盲沟，并把地基中排出的水引出预压区。

9.2 湿陷性黄土地基

9.2.1 黄土的湿陷性应按湿陷系数 δ_s 确定。δ_s 可按下列规定确定：

1 可根据室内压缩试验按下式计算 δ_s：

$$\delta_s = \frac{h_p - h'_p}{h_0} \tag{9.2.1}$$

式中：δ_s——湿陷系数；

h_p——保持天然湿度和结构的土样，加压至规定的压力时，下沉稳定后的高度（mm）；

h'_p——加压稳定后的土样，在浸水（饱和）作用下，附加下沉稳定后的高度（mm）；

h_0——土样的原始高度（mm）。

2 测定湿陷系数 δ_s 的压力可按下列规定取值：

1）对基础底面压应力不大于 300kPa 的桥涵，自基底算起 10m 以上的土层可采用 200kPa；10m 以下至非湿陷性层顶面，可采用其上面的覆土的饱和自重压应力，当上面覆土的饱和自重压应力大于 300kPa 时，可采用 300kPa。

2）对基础底面压应力大于 300kPa 的桥涵，可采用实际压应力。

3）对压缩性较高的新堆积黄土，基底以下 5m 以内土层宜用 100~150kPa 的压应力；5~10m 及 10m 以下至非湿陷性黄土层顶面，可分别采用 200kPa 和上面覆土的饱和自重压应力。

9.2.2 自重湿陷系数 δ_{zs} 可按下式计算：

$$\delta_{zs} = \frac{h_z - h'_z}{h_0} \tag{9.2.2}$$

式中：δ_{zs}——自重湿陷系数；

h_z——保持天然湿度和结构的土样，加压至该土样上覆土的饱和自重压力时，下沉稳定后的高度（mm）；

h'_z——加压稳定后的土样，在浸水（饱和）作用下，附加下沉稳定后的高度（mm）；

h_0——土样的原始高度（mm）。

9.2.3 黄土地区桥涵地基的湿陷类型应按自重湿陷量 Δ_{zs} 确定。当自重湿陷量 $\Delta_{zs} \leqslant 70$mm 时，为非自重湿陷性黄土地基；当 $\Delta_{zs} > 70$mm 时，为自重湿陷性黄土地基。湿陷性黄土的自重湿陷量 Δ_{zs} 可按下式计算：

$$\Delta_{zs} = \beta_0 \sum_{i=1}^{n} \delta_{zsi} h_i \tag{9.2.3}$$

式中：Δ_{zs}——自重湿陷量（mm）；

δ_{zsi}——第 i 层土的自重湿陷系数；

h_i——第 i 层土的厚度（mm），自天然地面算起，至其下面的非湿陷性黄土层的顶面为止，其中自重湿陷系数 δ_{zs} 小于 0.015 的土层可不计；

β_0——因地区土质而异的修正系数，应符合《湿陷性黄土地区建筑规范》（GB 50025—2004）的规定：陇西地区可取 1.5，陇东—陕北—晋西地区可取 1.2，关中地区可取 0.9，其他地区可取 0.5。

9.2.4 基底以下地基的湿陷量 Δ_s 可按下式计算：

$$\Delta_s = \sum_{i=1}^{n} \beta \delta_{si} h_i \qquad (9.2.4)$$

式中：Δ_s——基底以下地基的湿陷量（mm）；

δ_{si}——自基底算起第 i 层土的湿陷系数，应按本规范第 9.2.1 条的规定计算；

β——考虑地基土侧向挤出或浸水概率等因素的修正系数，在基底以下 5m 以内可取 1.5；5～10m 取 1.0；10m 以下至非湿陷性黄土层顶面及非自重湿陷性黄土取零；自重湿陷性黄土可采用本规范式（9.2.3）中的 β_0 值；

h_i——基底以下第 i 层土的厚度（mm）。自基底算起，对非自重湿陷性黄土，累计至基底以下 10m（或地基压缩层）深度为止；对自重湿陷性黄土，累计至非湿陷性黄土层顶面为止，其中湿陷系数 δ_s（10m 以下为 δ_{zs}）小于 0.015 的土层可不累计。

9.2.5 湿陷性黄土地基的湿陷等级，应根据自重湿陷量 Δ_{zs} 和基底以下地基湿陷量 Δ_s 按表 9.2.5 确定。

表 9.2.5　湿陷性黄土地基的湿陷等级

湿陷性类型		非自重湿陷性地基	自重湿陷性地基	
自重湿陷量 Δ_{zs}（mm）		$\Delta_{zs} \leqslant 70$	$70 < \Delta_{zs} \leqslant 350$	$\Delta_{zs} > 350$
基底以下地基的湿陷量 Δ_s（mm）	$\Delta_s \leqslant 300$	Ⅰ（轻微）	Ⅱ（中等）	—
	$300 < \Delta_s \leqslant 700$	Ⅱ（中等）	Ⅱ（中等）或 Ⅲ*（严重）	Ⅲ（严重）
	$\Delta_s > 700$	Ⅱ（中等）	Ⅲ（严重）	Ⅳ（很严重）

注：表中 Ⅲ* 对应于湿陷量的计算值 $\Delta_s > 600$mm 且自重湿陷量的计算值 $\Delta_{zs} > 300$mm 的情况，其他情况可判定为 Ⅱ 级。

9.2.6 湿陷性黄土地区的桥涵基础宜设置在原有沟床上，并宜采用能适应较大沉降的结构；涵洞不应采用分离式基础。

9.2.7 湿陷性黄土地区的桥涵基础应根据湿陷性黄土的等级、结构物分类和水流特征，采取相应的设计措施和处理方案。地基处理的措施可参考表9.2.7-1采用，也可根据地方经验采取其他可靠措施；结构物可根据其重要性、结构特点、受水浸湿后的危害程度和修复难易进行分类，见表9.2.7-2。

表9.2.7-1　湿陷性黄土地区地基处理的措施

类型及措施		水流特征及湿陷等级							
		经常性流水（或浸湿可能性较大）				季节性流水（或浸湿可能性较小）			
		I	II	III	IV	I	II	III	IV
A	措施	①				①			
B	措施	②、③	②、③	①、②	①	③		②、③	②
	处理深度（m）	2.0~3.0	3.0~5.0	4.0~6.0	6.0	0.8~1.0	1.0~2.0	2.0~3.0	5.0
C	措施	③			②	③			
	处理深度（m）	0.8~1.0	1.0~1.5	1.5~2.0	3.0	0.5~0.8	0.8~1.2	1.2~2.0	2.0
D	措施	④				④			

注：表中①、②、③、④为措施编号，各编号的处理措施如下：①墩台基础采用明挖、沉井或桩基，置于非湿陷性土层中；②采用强夯法或挤密桩法，并采取防水和结构措施；③采取重锤夯实，并采取防水和结构措施；④地基表层夯实。

表9.2.7-2　湿陷性黄土地区结构物分类

类　别	结　构　物
A类	20m及以上高墩台和外超静定桥梁
B类	一般桥梁基础，拱涵
C类	一般涵洞及倒虹吸
D类	桥涵附属工程

9.2.8　湿陷性黄土地区的桥涵铺砌范围应比非湿陷性地区同类桥涵适当加大，垂裙加深，涵洞沉降缝应进行密水处理。

9.3　陡坡地基与基础

9.3.1　桥涵基础所在位置地面坡率不小于1:1.25，或坡率虽小于1:1.25但坡体可能产生滑移变形的地基可定为陡坡地基。陡坡段的地基和基础设计除应满足本节要求外，还应满足本规范其他要求。

9.3.2　陡坡地基设计应满足下列要求：

1　在陡坡地基上设置基础时，应对承受基础荷载作用的地基进行稳定性和变形分析，不同工况的地基稳定安全系数应不低于表9.3.2的要求。

表 9.3.2 不同工况地基稳定安全系数要求

工 况	地基土状态	安 全 系 数
正常工况	天然状态	1.35
非正常工况 Ⅰ	暴雨或连续降雨状态	1.2
非正常工况 Ⅱ	暴雨或连续降雨状态及地震	1.1

2 分析陡坡地基稳定性时不宜考虑桥梁桩基对陡坡稳定的有利作用。

3 当陡坡安全稳定性不能满足设计要求时，应预先采取加固措施。

9.3.3 陡坡地基上的基础设计应满足下列要求：

1 土质陡坡地基上的基础埋置深度，除应满足本规范第 5.1 节的规定外，还应符合下式规定（图 9.3.3）：

$$H \geqslant 3d\tan\beta \tag{9.3.3}$$

式中：H——基础埋置深度（m）；

d——基础宽度或直径（m）；

β——坡度（°）。

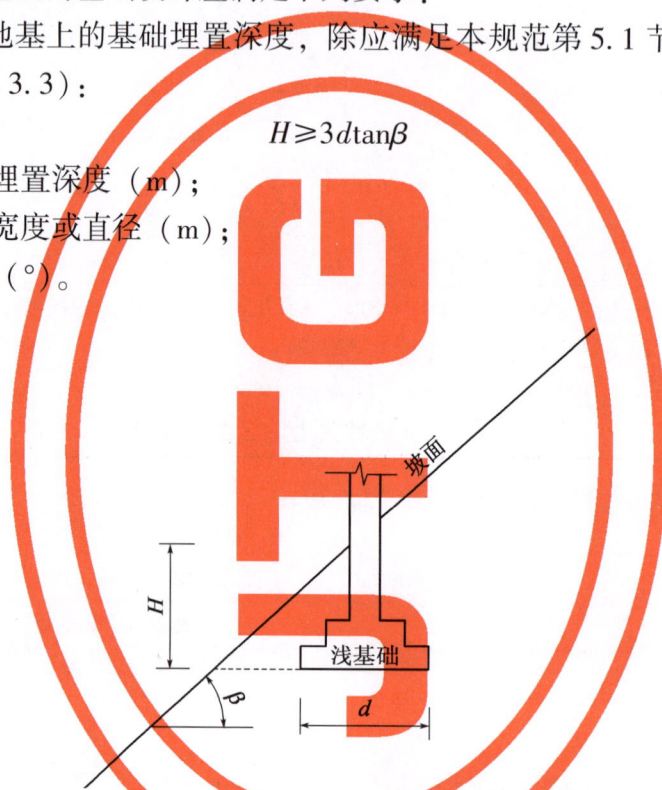

图 9.3.3 陡坡地基基础示意

2 当陡坡变形对桥梁基础有影响时，宜分析桥梁基础在边坡作用下的变形和内力，验算基础在最不利条件下的变形和承载力。

3 确定边坡作用在基础上的水平侧压力时，应综合考虑边坡稳定和变形特性；分析基础结构变形和内力时，宜考虑坡体作用力、桩承受竖向力和水平力的耦合作用。

4 验算陡坡上桩基础内力与位移时，应对桩基所在位置地面以下一定深度内的坡脚侧土体水平抗力进行折减，具体数值可根据当地经验确定。

9.4 岩溶地基与基础

9.4.1 岩溶区桥涵地基与基础设计方案选择应符合下列原则：

1 岩溶区桥涵基础方案应根据结构承载和变形要求、地下空洞发育时空特点综合考虑选择。

2 应针对桥涵地基与基础设计方案进行现有地表、地下水环境影响评价，避免因桥涵基础设置导致桥涵所在区域水文环境显著变化。

9.4.2 岩溶区桥涵地基设计应符合下列原则：

1 应进行岩溶区桥涵地基稳定性评价，评价宜按照岩溶顶板承载能力控制为主、变形控制为辅的原则开展。

2 对溶洞、土洞顶板评价达不到"稳定"状态的桥涵地基基础，应进行地基处理。地基处理方案应根据当地环境、地表、地下水文特点进行，对岩溶地下水宜导不宜堵，避免过多改变原有地下水环境。

9.4.3 岩溶区桥涵浅基础设计应满足下列要求：

1 对以垂直发育为主的岩溶区域，其小桥涵宜选择浅基础。浅基础底面以下岩土层厚度应大于基础宽度的3倍且不应小于下伏溶洞宽度；否则，基础底面尺寸应大于洞的平面尺寸，且有足够的支承长度，仍不满足要求时应对下伏溶洞进行处治。

2 岩溶区浅基础应选用配筋的整板式基础，尽量减小基础基底应力，以提高基础抵抗地基不均匀变形的能力。

3 对土岩结合地基，浅基础底面应设置褥垫层，碎石褥垫层厚度不宜小于1.0m。

4 跨越下伏溶洞的浅基础应增加不利支撑条件下的抗弯计算。

5 位于基岩上但附近有溶沟、溶槽、溶蚀裂隙、落水洞等的浅基础，有可能使基础下岩层向临空面产生滑动时，应对地基基础进行整体稳定性分析和针对性处治。

6 底面位于倾斜岩层表面的基础，应进行基础滑移分析，对滑移稳定性不足的基础，应采取处治措施。

9.4.4 岩溶区桥涵桩基础设计应满足下列要求：

1 岩溶区桥梁的桩基础，桩底高程应设置在一定厚度的岩溶顶板上。岩溶顶板厚度不宜小于3倍桩径。

2 确定桩底高程时，在满足承载力与最小嵌岩深度要求条件下，应尽量减小基桩嵌岩深度，以保证溶洞顶板完整性。基桩嵌岩最小深度可取0.5m。

3 同一墩台下各基桩桩顶变形差异较大时，各基桩承载力总和应满足上部结构要求，还应分析各基桩差异变形对上部结构的影响，必要时应采取措施协调各基桩竖向荷载和变形。

4 计算穿过溶洞基桩的竖向承载力时，应根据桩土界面、顶板稳定性等因素确定是否考虑被穿溶洞顶板以上岩土的侧摩阻力。验算水平承载力时，可考虑被穿溶洞顶板以上岩土的水平抗力。

9.5 挤扩支盘桩基础

9.5.1 挤扩支盘桩设计应综合考虑支盘适用土层、荷载特征、变形要求、施工设备、施工质量保证、社会经济效益等因素。

9.5.2 挤扩支盘桩支、盘的设置及构造应符合下列规定（图 9.5.2）：

1 支、盘宜设置在可塑、硬塑、坚硬的黏性土或中密、密实的砂土、碎石土中，不宜设置在软土、膨胀土、冻土及可液化土中。

2 支长或盘环宽宜根据桩的设计直径和施工工艺及设备确定，可取 300 ~ 1 000mm，可采用设计桩径的一半。

3 应根据地质条件和构造要求预留一定数量的备用支、盘位置。

4 设置盘的适宜持力层厚度宜大于 6 倍盘环宽，设置支的适宜持力层厚度宜大于 4 倍支长。

5 支或盘底进入持力层的深度宜大于 1.0 倍的支或盘的高度，对碎石土、强风化、软质岩等硬土宜大于 0.5 倍支或盘高度；当存在软弱下卧层时，最下支或盘底距软弱下卧层顶面的距离不宜小于 9 倍支长或盘环宽。

6 盘间、盘与支间的最小竖向间距不宜小于 8 倍的盘环宽或支长；一字支与一字支 90°错开布置时的最小竖向间距不宜小于 3 倍支长；十字支与十字支 45°错开布置时的最小竖向间距不宜小于 4 倍支长；六星支与六星支 30°错开布置时的最小竖向间距不宜小于 5 倍支长。

7 最上面的支或盘宜设置在桩身弯矩和剪力零点以下。

9.5.3 挤扩支盘桩桩间中距应满足本规范第 6 章摩擦型钻孔桩的规定，并不应小于支盘直径的 1.5 倍，变桩径支盘桩桩间中距应按最大直径段取值。

9.5.4 挤扩支盘桩单桩轴向受压承载力特征值 R_a 可按下列公式计算：

$$R_a = \frac{1}{2}u\sum_{i=1}^{m}q_{ik}l_i + \sum_{j=1}^{n}A_{pj}q_{rj} + A_p q_r \tag{9.5.4-1}$$

$$q_{rj} = m_0\lambda\left[f_{aj} + k_2\gamma_2(h_j - 3)\right] \tag{9.5.4-2}$$

式中：l_i——承台底面或局部冲刷线以下第 i 层土的厚度（m），当该层土内设有支、盘时，应减去每个支高和盘高的 1.5 倍；

A_{pj}——第 j 个支或盘的面积（扣除主桩的面积）（m^2）；

q_{rj}——第 j 个支或盘端土的承载力特征值（kPa）；

n——支、盘的总数；

f_{aj}——支盘处土的承载力特征值（kPa），按本规范第 4.3.3 条确定；

其他符号及取值规定应符合本规范第 6.3.3 条的规定。

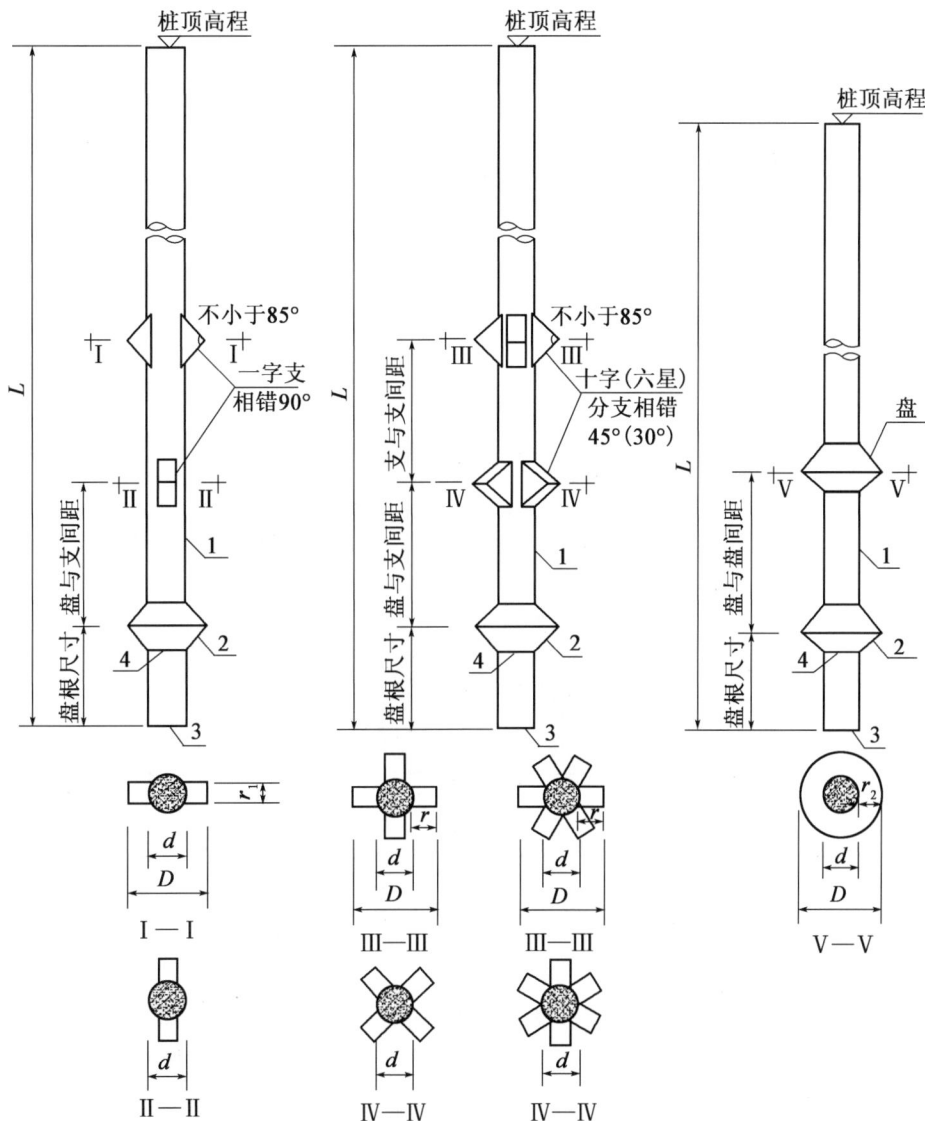

图 9.5.2　支、盘布置示意

1-主桩；2-底盘；3-桩底；4-盘底；

d-桩径；D-支盘直径；L-桩长；r-支长；r_1-支宽；r_2-盘环宽

9.5.5　挤扩支盘桩的承载能力应根据挤扩支盘腔过程中采集的参数信息与地质勘察资料对比进一步验证确认，必要时应通过预留的备用支、盘位置增加支、盘数量。

9.5.6　挤扩支盘桩单桩轴向受拉承载力特征值可按下式计算，计入的支、盘其顶面以上持力层应符合本规范第 9.5.2 条的规定。

$$R_t = 0.3u\sum q_{ik}l_i + 0.8\sum A_{pj}q_{rj} \qquad (9.5.6)$$

式中：R_t——单桩轴向受拉承载力特征值（kN）。

9.5.7　挤扩支盘桩的水平承载能力计算可不考虑支盘部分的作用。

附录 A　桥涵地基岩土的分级

A.0.1　桥涵岩石地基可按岩石坚硬程度、风化程度、完整程度进行分级，如表 A.0.1-1 ~ 表 A.0.1-3 所示。

表 A.0.1-1　岩石坚硬程度的定性分级

坚硬程度		定性鉴定	岩石类型
硬质岩	坚硬岩	锤击声清脆，有回弹，震手，难击碎，基本无吸水反应	未风化至微风化的花岗岩、闪长岩、辉绿岩、玄武岩、安山岩、片麻岩、石英岩、石英砂岩、硅质砾岩、硅质石灰岩等
	较硬岩	锤击声较清脆，有轻微回弹，稍震手，较难击碎，有轻微吸水反应	1. 微风化的坚硬岩； 2. 未风化至微风化的大理岩、板岩、石灰岩、白云岩、钙质砂岩等
软质岩	较软岩	锤击声不清脆，无回弹，较易击碎，浸水后指甲可刻出印痕	1. 中等风化至强风化的坚硬岩或较硬岩； 2. 未风化至微风化的凝灰岩、千枚岩、泥灰岩、砂质泥岩等
	软岩	锤击声哑，无回弹，有凹痕，易击碎，浸水后手可掰开	1. 强风化的坚硬岩或较硬岩； 2. 中等风化至强风化的较软岩； 3. 未风化至微风化的页岩、泥岩、泥质砂岩等
极软岩		锤击声哑，无回弹，有较深凹痕，手可捏碎，浸水后可捏成团	1. 全风化的各种岩石； 2. 各种半成岩

表 A.0.1-2　岩石的风化程度分级

风化程度	野外特征	风化程度系数指标	
		波速比 k_v	风化系数 k_f
未风化	岩质新鲜，偶见风化痕迹	0.9 ~ 1.0	0.9 ~ 1.0
微风化	结构基本未变，仅节理面有渲染或略有变色，有少量风化裂隙	0.8 ~ 0.9	0.8 ~ 0.9
中风化	结构部分破坏，沿节理面有次生矿物，风化裂隙发育，岩体被切割成岩块。用镐难挖，岩芯钻方可钻进	0.6 ~ 0.8	0.4 ~ 0.8
强风化	结构大部分破坏，矿物成分显著变化，风化裂痕很发育，岩体破碎，用镐可挖，干钻不易钻进	0.4 ~ 0.6	<0.4
全风化	结构基本破坏，但尚可辨认，有残余结构强度，可用镐挖，干钻可钻进	0.2 ~ 0.4	—
残积土	组织结构全部破坏，已风化成土状，锹镐易挖掘，干钻易钻进，具可塑性	<0.2	—

注：1. 波速比 k_v 为风化岩石与新鲜岩石纵波速度之比。
　　2. 风化系数 k_f 为风化岩石与新鲜岩石单轴抗压强度之比。
　　3. 岩石风化程度除按表列野外特征和定量指标划分外，也可根据当地经验划分。
　　4. 花岗岩类岩石可采用标准贯入试验划分为强风化、全风化、残积土。
　　5. 泥岩和半成岩，可不进行风化程度划分。

表 A.0.1-3　岩体完整程度定性分级

完整程度	结构面发育程度		主要结构面的结合程度	主要结构面的类型	相应结构类型
	结构面组数	平均间距（m）			
完整	1~2	>1.0	结合好或结合一般	裂隙、层面	整体状或巨厚状结构
较完整	1~2	>1.0	结合差	裂隙、层面	块状或厚层结构
	2~3	1.0~0.4	结合好或结合一般	—	块状结构
较破碎	2~3	1.0~0.4	结合差	裂隙、层面、小断层	裂隙块状或中厚层结构
	≥3	0.4~0.2	结合好		镶嵌碎裂结构
			结合一般		中、薄层状结构
破碎	≥3	0.4~0.2	结合差	各种类型结构面	裂隙块状结构
		≤0.2	结合一般或结合差		碎裂状结构
极破碎	无序	—	结合很差	—	散体状结构

注：平均间距指主要结构面（1~2组）间距的平均值。

A.0.2　碎石土密实度野外鉴别应按表 A.0.2 规定的各项特征综合判别。

表 A.0.2　碎石土密实度野外鉴别

密实度	骨架颗粒含量和排列	可挖性	可钻性
松散	骨架颗粒质量小于总质量的60%，排列混乱，大部分不接触	锹可以挖掘，井壁易坍塌，从井壁取出大颗粒后，立即塌落	钻进较易，钻杆稍有跳动，孔壁易坍塌
中密	骨架颗粒质量等于总质量的60%~70%，呈交错排列，大部分接触	锹镐可挖掘，井壁有掉块现象，从井壁取出大颗粒处，能保持凹面形状	钻进较困难，钻杆、吊锤跳动不剧烈，孔壁有坍塌现象
密实	骨架颗粒质量大于总质量的70%，呈交错排列，连续接触	锹镐挖掘困难，用撬棍方能松动，井壁较稳定	钻进困难，钻杆、吊锤跳动剧烈，孔壁较稳定

附录 B 浅层平板载荷试验要点

B.0.1 浅层平板载荷试验可用于确定浅部地基承压板下压力主要影响范围内土层的承载力。承压板面积不应小于 0.25m²，特殊情况下应符合下列规定：

1 对软土地基不应小于 0.5m²。

2 对复合地基不应小于一根桩加固的面积。

3 对强夯处理后的地基，不应小于 2.0m²。

B.0.2 试验基坑宽度不应小于承压板宽度 b 或直径 d 的 3 倍；应保持试验土层的原状结构和天然湿度，宜在拟试压表面用厚度不超过 20mm 的粗砂或中砂层找平。

B.0.3 加荷分级不应少于 8 级。最大加载量不应小于设计要求的 2 倍。

B.0.4 每级加载后，第一个小时内按间隔 10min、10min、10min、15min、15min 测读沉降量，以后为每隔半小时测读一次沉降量。当在连续 2h 内每小时的沉降量小于 0.1mm 时，则认为已趋稳定，可进行下一级加载。

B.0.5 当出现下列情况之一时，即可终止加载：

1 承压板周围的土明显地侧向挤出。

2 沉降 s 急剧增大，荷载-沉降（p-s）曲线出现陡降段。

3 在某一级荷载下，24h 内沉降速率不能达到稳定。

4 沉降量与承压板宽度或直径之比大于或等于 0.06。

B.0.6 地基承载力特征值 f_{a0} 的确定应符合下列规定：

1 当 p-s 曲线上有比例界限时，取该比例界限所对应的荷载值。

2 满足本规范第 B.0.5 条前三款终止加载条件之一时，其对应的前一级荷载定为极限荷载。当极限荷载小于对应比例界限荷载值的 2 倍时，取极限荷载值的一半。

3 当不能按上述两款要求确定，压板面积为 0.25~0.50m² 时，可取 s/b（或 s/d）=0.01~0.015 所对应的荷载，但其值不应大于最大加载量的一半。

B.0.7 同一土层参加统计的试验点不应少于 3 点。当试验实测值的极差不超过其平均值的 30% 时，取此平均值作为该土层的地基承载力特征值 f_{a0}。当极差不满足要求时，应查明原因，必要时重新划分地基统计单元进行评价。

附录 C 深层平板载荷试验要点

C.0.1 深层平板载荷试验可用于确定深部地基及大直径桩桩端在承压板压力主要影响范围内土层的承载力。

C.0.2 深层平板载荷试验的承压板采用直径为 0.8m 的刚性板，紧靠承压板周围外侧的土层高度不应小于 0.8m。

C.0.3 加荷等级可按预估极限承载力的 1/15 ~ 1/10 分级施加。

C.0.4 每级加荷后，第一个小时内按间隔 10min、10min、10min、15min、15min 测读一次沉降，以后为每隔半小时测读一次沉降。当在连续 2h 内每小时的沉降量小于 0.1mm 时，则认为已趋稳定，可加下一级荷载。

C.0.5 当出现下列情况之一时，可终止加载：

1 沉降 s 急骤增大，荷载-沉降（p-s）曲线上有可判定极限承载力的陡降段，且沉降量超过 0.04 倍的承压板直径。

2 在某级荷载下，24h 内沉降速率不能达到稳定。

3 本级沉降量大于前一级沉降量的 5 倍。

4 当持力层土层坚硬、沉降量很小时，最大加载量不小于设计要求的 2 倍。

C.0.6 地基承载力特征值 f_{a0} 的确定应符合下列规定：

1 当 p-s 曲线上有比例界限时，取该比例界限所对应的荷载值。

2 满足本规范第 C.0.5 条前三款终止加载条件之一时，其对应的前一级荷载定为极限荷载。当该值小于对应比例界限的荷载值的 2 倍时，取极限荷载值的一半。

3 不能按上述两款要求确定时，可取 $s/d = 0.01 \sim 0.015$ 所对应的荷载值，但其值应不大于最大加载量的一半。

C.0.7 同一土层参加统计的试验点不应少于 3 点。当试验实测值的极差不超过平均值的 30% 时，取此平均值作为该土层的地基承载力特征值 f_{a0}。当极差不满足要求时，应查明原因，必要时重新划分地基统计单元进行评价。

附录 D　岩基载荷试验要点

D.0.1　岩基载荷试验可用于确定完整、较完整、较破碎岩基作为天然地基或桩基础持力层时的承载力。

D.0.2　应采用直径 300mm 的圆形刚性承压板。当岩石埋藏深度较大时，可采用钢筋混凝土桩，但桩周应采取措施以消除桩身与土之间的摩擦力。

D.0.3　测量系统的初始稳定读数观测应在加压前，每隔 10min 读数一次，连续 3 次读数不变可开始试验。

D.0.4　应采用单循环加载，荷载逐级递增直到破坏，然后分级卸载。

D.0.5　第一级加载值为预估设计荷载的 1/5，以后每级为 1/10。

D.0.6　加载后立即读数，以后每 10min 读数一次。

D.0.7　应将连续 3 次读数之差均不大于 0.01mm 作为稳定标准。

D.0.8　当出现下列现象之一时，即可终止加载：

1　沉降量读数不断变化，在 24h 内，沉降速率有增大的趋势。

2　压力加不上或勉强加上而不能保持稳定。

注：若限于加载能力，荷载也应增加到不少于设计要求的 2 倍。

D.0.9　应按下列要求进行卸载观测：

1　每级卸载为加载时的 2 倍，如为奇数，第一级可为 3 倍。

2　每级卸载后，隔 10min 测读一次，测读 3 次后可卸下一级荷载。

3　全部卸载后，当测读到半小时回弹量小于 0.01mm 时，可认为稳定。

D.0.10　岩石地基承载力的确定应符合下列规定：

1　对应于 $p\text{-}s$ 曲线上起始直线段的终点为比例界限。符合终止加载条件的前一级荷载为极限荷载。将极限荷载除以安全系数 3，所得值与对应于比例界限的荷载相比较，取小值。

    2 每个场地载荷试验的数量不应少于 3 个，取最小值作为岩石地基承载力特征值。

    3 岩石地基承载力不进行深度修正。

附录 E 冻土标准冻深线及冻土特性分类

E.0.1 季节性冻土标准冻深线可按《建筑地基基础设计规范》（GB 50007—2011）附录 F 确定。

E.0.2 公路桥涵地基土的冻胀性分类，可按表 E.0.2 分为不冻胀、弱冻胀、冻胀、强冻胀和特强冻胀。

表 E.0.2 公路桥涵地基土的冻胀性分类

土 的 名 称	冻前天然含水率 w（%）	冻前地下水位距设计冻深的最小距离 z（m）	平均冻胀率 η（%）	冻胀等级	冻胀类别
碎（卵）石，砾、粗、中砂（粒径小于 0.075mm 的颗粒含量不大于 15%），细砂（粒径小于 0.075mm 的颗粒含量不大于 10%）	不考虑	不考虑	$\eta \leq 1$	I	不冻胀
碎石土、砾砂、粗砂、中砂（粒径小于 0.075mm 的颗粒含量大于 15%），细砂（粒径小于 0.075mm 的颗粒含量大于 10%）	$w \leq 12$	$z > 1.0$	$\eta \leq 1$	I	不冻胀
		$z \leq 1.0$	$1 < \eta \leq 3.5$	II	弱冻胀
	$12 < w \leq 18$	$z > 1.0$			
		$z \leq 1.0$	$3.5 < \eta \leq 6$	III	冻胀
	$w > 18$	$z > 0.5$			
		$z \leq 0.5$	$6 < \eta \leq 12$	IV	强冻胀
细砂、粉砂	$w \leq 14$	$z > 1.0$	$\eta \leq 1$	I	不冻胀
		$z \leq 1.0$	$1 < \eta \leq 3.5$	II	弱冻胀
	$14 < w \leq 19$	$z > 1.0$			
		$z \leq 1.0$	$3.5 < \eta \leq 6$	III	冻胀
	$19 < w \leq 23$	$z > 1.0$			
		$z \leq 1.0$	$6 < \eta \leq 12$	IV	强冻胀
	$w > 23$	不考虑	$\eta > 12$	V	特强冻胀

续表 E.0.2

土 的 名 称	冻前天然含水率 w（%）	冻前地下水位距设计冻深的最小距离 z（m）	平均冻胀率 η（%）	冻胀等级	冻胀类别
粉土	$w \leqslant 19$	$z > 1.5$	$\eta \leqslant 1$	I	不冻胀
		$z \leqslant 1.5$	$1 < \eta \leqslant 3.5$	II	弱冻胀
	$19 < w \leqslant 22$	$z > 1.5$			
		$z \leqslant 1.5$	$3.5 < \eta \leqslant 6$	III	冻胀
	$22 < w \leqslant 26$	$z > 1.5$			
		$z \leqslant 1.5$	$6 < \eta \leqslant 12$	IV	强冻胀
	$26 < w \leqslant 30$	$z > 1.5$			
		$z \leqslant 1.5$	$\eta > 12$	V	特强冻胀
	$w > 30$	不考虑			
黏性土	$w \leqslant w_p + 2$	$z > 2.0$	$\eta \leqslant 1$	I	不冻胀
		$z \leqslant 2.0$	$1 < \eta \leqslant 3.5$	II	弱冻胀
	$w_p + 2 < w \leqslant w_p + 5$	$z > 2.0$			
		$z \leqslant 2.0$	$3.5 < \eta \leqslant 6$	III	冻胀
	$w_p + 5 < w \leqslant w_p + 9$	$z > 2.0$			
		$z \leqslant 2.0$	$6 < \eta \leqslant 12$	IV	强冻胀
	$w_p + 9 < w \leqslant w_p + 15$	$z > 2.0$			
		$z \leqslant 2.0$	$\eta > 12$	V	特强冻胀

注：1. w_p——塑限含水率（%），w——在冻土层内冻前天然含水率的平均值。

2. 本分类不包括盐渍化冻土。

3. 塑性指数大于 22 时，冻胀性降低一级。

4. 粒径小于 0.005mm 的颗粒含量大于 60% 时，为不冻胀土。

5. 碎石类土当充填物大于全部质量的 40% 时，其冻胀性按充填物土的类别判断。

E.0.3 公路桥涵地基土的多年冻土分类，可按表 E.0.3 分为不融沉、弱融沉、融沉、强融沉和融陷。

表 E.0.3 多年冻土分类表

土 的 名 称	含水率 w（%）	平均融沉系数 δ_0	融沉等级	融沉类别	冻土类型
碎（卵）石，砾、粗、中砂（粒径小于 0.075mm 的颗粒含量不大于 15%）	$w < 10$	$\delta_0 \leqslant 1$	I	不融沉	少冰冻土
	$w \geqslant 10$	$1 < \delta_0 \leqslant 3$	II	弱融沉	多冰冻土
碎（卵）石，砾、粗、中砂（粒径小于 0.075mm 的颗粒含量不大于 15%）	$w < 12$	$\delta_0 \leqslant 1$	I	不融沉	少冰冻土
	$12 \leqslant w < 15$	$1 < \delta_0 \leqslant 3$	II	弱融沉	多冰冻土
	$15 \leqslant w < 25$	$3 < \delta_0 \leqslant 10$	III	融沉	富冰冻土
	$w \geqslant 25$	$10 < \delta_0 \leqslant 25$	IV	强融沉	饱冰冻土

续表 E.0.3

土 的 名 称	含水量 w（%）	平均融沉系数 δ_0	融沉等级	融沉类别	冻土类型
粉砂、细砂	$w < 14$	$\delta_0 \leqslant 1$	I	不融沉	少冰冻土
	$14 \leqslant w < 18$	$1 < \delta_0 \leqslant 3$	II	弱融沉	多冰冻土
	$18 \leqslant w < 28$	$3 < \delta_0 \leqslant 10$	III	融沉	富冰冻土
	$w \geqslant 28$	$10 < \delta_0 \leqslant 25$	IV	强融沉	饱冰冻土
粉土	$w < 17$	$\delta_0 \leqslant 1$	I	不融沉	少冰冻土
	$17 \leqslant w < 21$	$1 < \delta_0 \leqslant 3$	II	弱融沉	多冰冻土
	$21 \leqslant w < 32$	$3 < \delta_0 \leqslant 10$	III	融沉	富冰冻土
	$w \geqslant 32$	$10 < \delta_0 \leqslant 25$	IV	强融沉	饱冰冻土
黏性土	$w < w_p$	$\delta_0 \leqslant 1$	I	不融沉	少冰冻土
	$w_p \leqslant w < w_p + 4$	$1 < \delta_0 \leqslant 3$	II	弱融沉	多冰冻土
	$w_p + 4 \leqslant w < w_p + 15$	$3 < \delta_0 \leqslant 10$	III	融沉	富冰冻土
	$w_p + 15 \leqslant w < w_p + 35$	$10 < \delta_0 \leqslant 25$	IV	强融沉	饱冰冻土
含土冰层	$w \geqslant w_p + 35$	$\delta_0 > 25$	V	融陷	含土冰层

注：1. 总含水率 w，包括冰和未冻水。
    2. 盐渍化冻土、冻结泥炭化土、腐殖土、高塑黏性土不在表列。

附录 F　台背路基填土对桥台基底或桩端平面处的附加竖向压应力的计算

F.0.1　台背路基填土对桥台基底或桩端平面处的附加竖向压应力（图 F.0.1）的计算应符合下列规定：

1　台背路基填土对桥台基底或桩端平面处地基作用的附加压应力 p_1 按下式计算：

$$p_1 = \alpha_1 \cdot \gamma_1 \cdot H_1 \qquad\qquad (\text{F.0.1-1})$$

2　埋置式桥台由于台前锥体对桥台基底或桩端平面处地基前边缘作用的附加压应力 p_2 按下式计算：

$$p_2 = \alpha_2 \cdot \gamma_2 \cdot H_2 \qquad\qquad (\text{F.0.1-2})$$

3　桥台基底或桩端平面处地基边缘的总应力为 p_1 和 p_2 与其他荷载引起的地基应力之和。

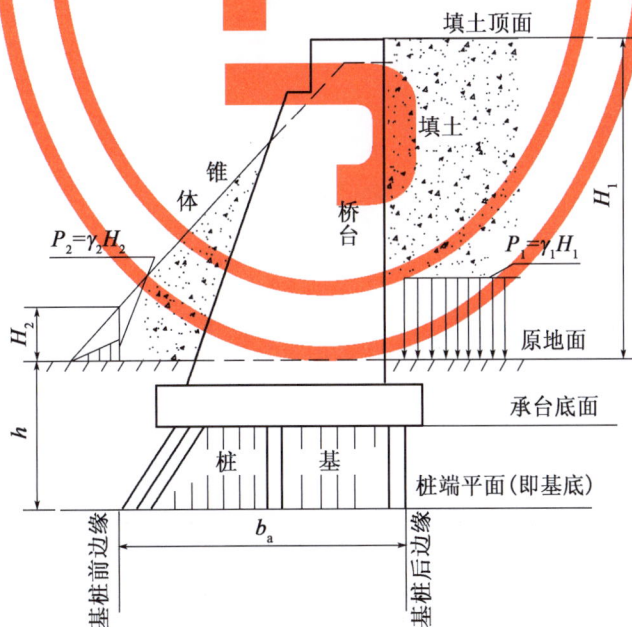

图 F.0.1　台背填土对桥台基底的附加压应力

式（F.0.1-1）、式（F.0.1-2）和图 F.0.1 中符号：

α_1、α_2——附加竖向压应力系数，见表 F.0.1-1 和表 F.0.1-2；

— 71 —

γ_1——路基填土的重度（kN/m^3）；

γ_2——锥体填土的重度（kN/m^3）；

H_1——台背路基填土高度（m）；

H_2——基底或桩端平面处前边缘上的锥体高度（m），取基底或桩端前边缘处的原地面向上竖向引线与溜坡相交点距离（m）；

P_1——台背路基填土产生的原地面处的土压应力（kPa）；

P_2——台前锥体产生的基底或桩端平面前边缘原地面处的土压应力（kPa）；

b_a——基底或桩端平面处的前、后边缘间的基础长度（m）；

h——原地面至基底或桩端平面处的深度（m），即基础埋置深度。

表 F. 0. 1-1　系数 α_1 表

基础埋置深度 h（m）	填土高度 H_1（m）	桥 台 边 缘			
		后边缘	前边缘，基底平面的基础长度 b_a（m）		
			5	10	15
5	5	0.44	0.07	0.01	0
	10	0.47	0.09	0.02	0
	20	0.48	0.11	0.04	0.01
10	5	0.33	0.13	0.05	0.02
	10	0.40	0.17	0.06	0.02
	20	0.45	0.19	0.08	0.03
15	5	0.26	0.15	0.08	0.04
	10	0.33	0.19	0.10	0.05
	20	0.41	0.24	0.14	0.07
20	5	0.20	0.13	0.08	0.04
	10	0.28	0.18	0.10	0.06
	20	0.37	0.24	0.16	0.09
25	5	0.17	0.12	0.08	0.05
	10	0.24	0.17	0.12	0.08
	20	0.33	0.24	0.17	0.10
30	5	0.15	0.11	0.08	0.06
	10	0.21	0.16	0.12	0.08
	20	0.31	0.24	0.18	0.12

注：路堤按黏性土考虑。

表 F. 0. 1-2　系数 α_2 表

基础埋置深度 h（m）	填土高度 H_1（m）	
	10	20
5	0.4	0.5

续表 F.0.1-2

基础埋置深度 h（m）	填土高度 H_1（m）	
	10	20
10	0.3	0.4
15	0.2	0.3
20	0.1	0.2
25	0	0.1
30	0	0

附录 G 岩石地基矩形截面双向偏心受压及圆形截面偏心受压的应力重分布计算

G.0.1 矩形截面双向偏心受压截面的应力重分布，当缺少资料时，可按图 G.0.1查取。

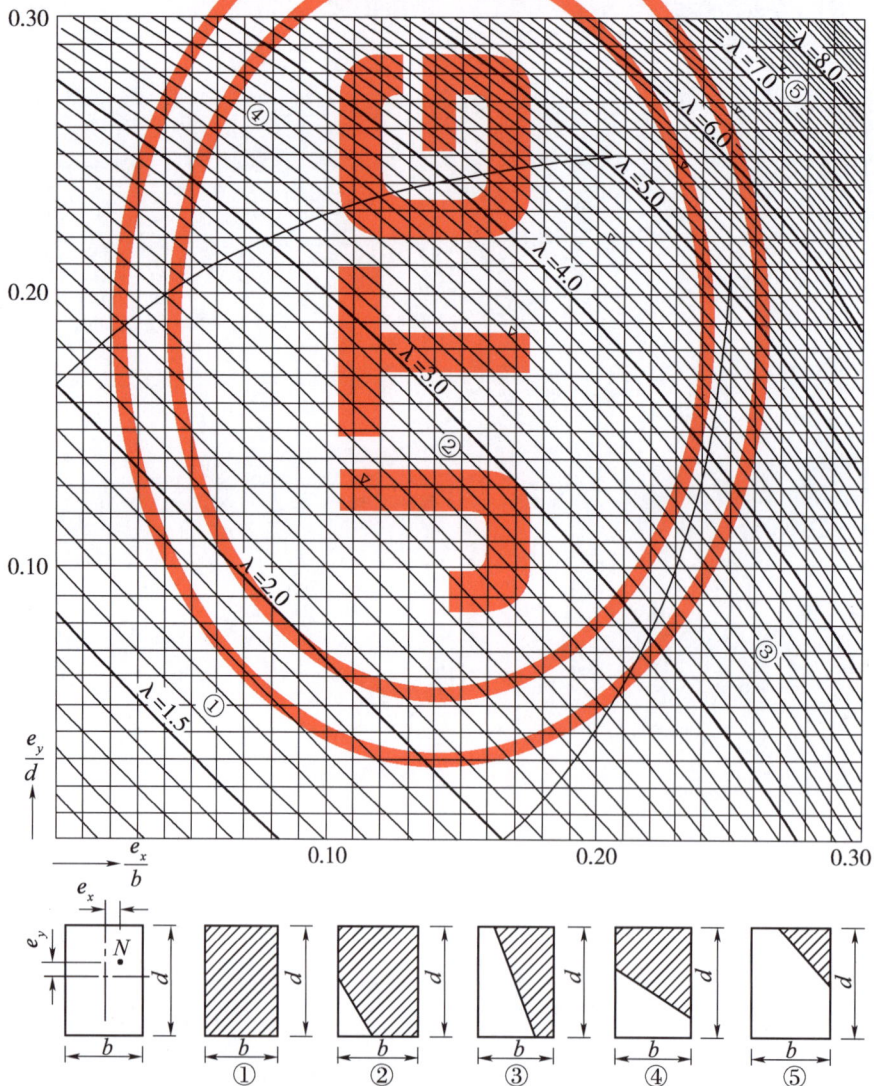

图 G.0.1 矩形截面双向偏心受压截面的应力重分布图示

$$p_{\max} = \lambda \frac{N}{A}; \quad \lambda\text{-按 } e_y/d \text{ 及 } e_x/b \text{ 自图查取；} N\text{-截面轴向力；} A\text{-基底面积；}$$

e_x、e_y-分别为 N 在 x 及 y 方向的偏心距；b、d-分别为截面在 x 及 y 方向的宽度和高度

G. 0. 2　圆形截面偏心受压的应力重分布，当偏心率 $n > 0.125$ 时，可按下列公式计算：

$$p_{max} = \lambda \frac{N}{A} \qquad\qquad (G. 0. 2\text{-}1)$$

$$n = \frac{e}{d} \qquad\qquad (G. 0. 2\text{-}2)$$

式中：N——截面轴向力（N）；

　　　A——基底面积（mm^2）；

　　　e——偏心距（mm）；

　　　d——圆截面直径（mm）；

　　　λ——系数，根据 n 值可按表 G. 0. 2 查取。

表 G. 0. 2　系数 λ 表

$n = \frac{e}{d}$	λ	$n = \frac{e}{d}$	λ	$n = \frac{e}{d}$	λ	$n = \frac{e}{d}$	λ
0. 125 0	2. 000	0. 175 2	2. 457	0. 231 0	3. 208	0. 294 5	4. 729
0. 126 0	2. 012	0. 178 0	2. 487	0. 234 7	3. 271	0. 298 0	4. 828
0. 127 0	2. 015	0. 178 7	2. 499	0. 238 0	3. 321	0. 302 0	4. 949
0. 129 0	2. 034	0. 181 5	2. 524	0. 241 5	3. 382	0. 305 0	5. 074
0. 133 0	2. 064	0. 184 8	2. 571	0. 245 2	3. 465	0. 308 0	5. 203
0. 137 0	2. 102	0. 188 6	2. 608	0. 247 0	3. 497	0. 311 5	5. 334
0. 138 4	2. 109	0. 189 0	2. 620	0. 249 0	3. 540	0. 315 0	5. 484
0. 141 4	2. 134	0. 191 6	2. 645	0. 252 9	3. 610	0. 319 0	5. 634
0. 143 0	2. 151	0. 195 1	2. 690	0. 256 5	3. 692	0. 322 0	5. 793
0. 144 1	2. 160	0. 198 9	2. 736	0. 259 7	3. 768	0. 326 0	5. 957
0. 146 8	2. 181	0. 202 0	2. 777	0. 262 0	3. 803	0. 331 0	6. 130
0. 150 0	2. 213	0. 202 2	2. 773	0. 264 0	3. 859	0. 333 0	6. 311
0. 153 2	2. 242	0. 205 5	2. 823	0. 267 8	3. 949	0. 338 0	6. 512
0. 156 2	2. 268	0. 207 0	2. 851	0. 271 8	4. 046	0. 339 0	6. 700
0. 158 0	2. 288	0. 212 2	2. 920	0. 274 1	4. 161	0. 343 0	6. 911
0. 159 3	2. 296	0. 216 0	2. 967	0. 277 0	4. 193	0. 347 0	7. 141
0. 162 5	2. 327	0. 217 4	2. 996	0. 278 9	4. 245	0. 350 0	7. 368
0. 165 4	2. 358	0. 220 0	3. 036	0. 282 6	4. 356	0. 354 0	7. 620
0. 168 0	2. 378	0. 223 2	3. 080	0. 286 8	4. 471	0. 357 0	7. 881
0. 168 6	2. 391	0. 227 1	3. 143	0. 290 7	4. 593	0. 360 0	8. 157
0. 171 6	2. 421	0. 230 0	3. 193	0. 294 0	4. 715	0. 369 0	8. 467

附录 H　冻土地基抗冻拔稳定性验算

H.0.1　季节性冻土地基墩、台和基础（含条形基础）抗冻拔稳定性可按下列公式验算：

$$F_k + G_k + Q_{sk} \geq kT_k \qquad (H.0.1-1)$$

$$T_k = z_d \tau_{sk} u \qquad (H.0.1-2)$$

式中：F_k——作用在基础上的结构自重（kN）；

G_k——基础自重及襟边上的土自重（kN）；

Q_{sk}——基础周边融化层的摩阻力标准值（kN），按式（H.0.2-2）计算；

k——冻胀力修正系数，砌筑或架设上部结构之前，k取1.1；砌筑或架设上部结构之后，对外静定结构k取1.2，对外超静定结构k取1.3；

T_k——对基础的切向冻胀力标准值（kN）；

z_d——设计冻深（m），参见本规范第5.1.2条，当基础埋置深度h小于z_d时，z_d采用h；

τ_{sk}——季节性冻土切向冻胀力标准值（kPa），按表H.0.1选用；

u——在季节性冻土层中基础和墩身的平均周长（m）。

表 H.0.1　季节性冻土切向冻胀力标准值 τ_{sk}（kPa）

基础形式	冻胀类别				
	不冻胀	弱冻胀	冻胀	强冻胀	特强冻胀
墩、台、柱、桩基础	0~15	15~80	80~120	120~160	160~200
条形基础	0~10	10~40	40~60	60~80	80~100

注：1. 条形基础系指基础长宽比等于或大于10的基础。

2. 对表面光滑的预制桩，τ_{sk}乘以0.8。

H.0.2　多年冻土地基墩、台和基础（含条形基础）抗冻拔稳定性可按下列公式验算（图H.0.2）：

$$F_k + G_k + Q_{sk} + Q_{pk} \geq kT_k \qquad (H.0.2-1)$$

$$Q_{sk} = q_{sk} \cdot A_s \qquad (H.0.2-2)$$

$$Q_{pk} = q_{pk} \cdot A_p \qquad (H.0.2-3)$$

式中：Q_{sk}——基础周边融化层的摩阻力标准值（kN），当季节冻土层与多年冻土层衔接时，$Q_{sk}=0$；当季节冻土层与多年冻土层不衔接时，按式（H.0.2-2）计算；

A_s——融化层中基础的侧面面积（m²）；

q_{sk}——基础侧面与融化层的摩阻力标准值（kPa），无实测资料时，对黏性土可采用 20～30kPa，对砂土及碎石土可采用 30～40kPa；

Q_{pk}——基础周边与多年冻土的冻结力标准值（kN），按式（H.0.2-3）计算；

A_p——在多年冻土内的基础侧面面积（m²）；

q_{pk}——多年冻土与基础侧面的冻结力标准值（kPa），可按表 H.0.2 选用；

其余符号同第 H.0.1 条。

注：如图 H.0.2 所示，季节性冻土层与多年冻土层之间可分为衔接的和不衔接的。当季节性冻土层下面为多年冻土层顶面时，为季节性冻土层与多年冻土层衔接（$Q_{sk}=0$）；当季节性冻土层下面有融化层或融化层与多年冻土层交错相间时，为季节性冻土层与多年冻土层不衔接［Q_{sk} 按式（H.0.2-2)计算］。

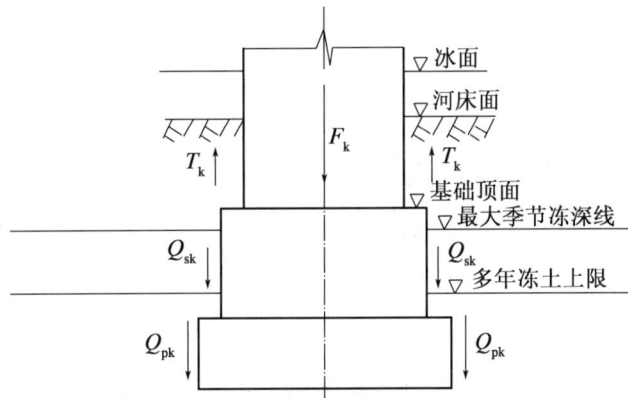

图 H.0.2 多年冻土地基冻胀力示意

T_k-对基础切向冻胀力；Q_{sk}-基础位于融化层的摩阻力；Q_{pk}-基础和多年冻土的冻结力

表 H.0.2 多年冻土与基础间的冻结力标准值 q_{pk}（kPa）

土类及融沉等级		温度（℃）						
		−0.2	−0.5	−1.0	−1.5	−2.0	−2.5	−3.0
粉土、黏性土	Ⅲ	35	50	85	115	145	170	200
	Ⅱ	30	40	60	80	100	120	140
	Ⅰ、Ⅳ	20	30	40	60	70	85	100
	Ⅴ	15	20	30	40	50	55	65
砂土	Ⅲ	40	60	100	130	165	200	230
	Ⅱ	30	50	80	100	130	155	180
	Ⅰ、Ⅳ	25	35	50	70	85	100	115
	Ⅴ	10	20	30	35	40	50	60
砾石土（粒径小于 0.075mm 的颗粒含量小于或等于 10%）	Ⅲ	40	55	80	100	130	155	180
	Ⅱ	30	40	60	80	100	120	135
	Ⅰ、Ⅳ	25	35	50	60	70	85	95
	Ⅴ	15	20	30	40	45	55	65

续表 H.0.2

土类及融沉等级		温度（℃）						
		-0.2	-0.5	-1.0	-1.5	-2.0	-2.5	-3.0
砾石土（粒径小于0.075mm 的颗粒含量大于10%）	Ⅲ	35	55	85	115	150	170	200
	Ⅱ	30	40	70	90	115	140	160
	Ⅰ、Ⅳ	25	35	50	70	85	95	115
	Ⅴ	15	20	30	35	45	55	60

注：1. 多年冻土融沉等级见附录表 E.0.3。
　　2. 对预制混凝土、木质、金属的冻结力标准值，表列数值分别乘以系数 1.0、0.9 和 0.66。
　　3. 多年冻土与沉桩的冻结力标准值按融沉等级Ⅳ类取值。

H.0.3 桩（柱）基础抗冻拔稳定性可按下列公式验算：

$$F_k + G_k + Q_{fk} \geq kT_k \qquad (H.0.3\text{-}1)$$

$$Q_{fk} = 0.4u\sum q_{ik} \cdot l_i \qquad (H.0.3\text{-}2)$$

式中：F_k——作用在桩（柱）顶上的竖向结构自重（kN）；

G_k——桩（柱）自重（kN），对水位以下且桩（柱）底为透水土时取浮重度；

Q_{fk}——桩（柱）在冻结线以下各土层的摩阻力标准值之和，按式（H.0.3-2）计算；

u——桩的周长（m）；

q_{ik}——冻结线以下各层土的摩阻力标准值（kPa），见本规范表 6.3.3-1 或表 6.3.5-1；

l_i——冻结线以下各层土的厚度（m）；

T_k——每根桩（柱）的切向冻胀力标准值（kN），按式（H.0.1-2）计算。

H.0.4 当切向冻胀力较大时，应验算墩、台、基础和桩（柱）的薄弱截面处的抗拉力。

附录 J 桥涵基底附加压应力系数 α、平均附加压应力系数 $\bar{\alpha}$

J.0.1 桥涵基底均布荷载作用时中点下附加压应力系数 α 可按表 J.0.1 取值。

表 J.0.1 基底中点下卧层附加压应力系数 α

z/b	l/b												
	1.0	1.2	1.4	1.6	1.8	2.0	2.4	2.8	3.2	3.6	4.0	5.0	≥10.0
0.00	1.000	1.000	1.000	1.000	1.000	1.000	1.000	1.000	1.000	1.000	1.000	1.000	1.000
0.1	0.980	0.984	0.986	0.987	0.987	0.988	0.988	0.989	0.989	0.989	0.989	0.989	0.989
0.2	0.960	0.968	0.972	0.974	0.975	0.976	0.976	0.977	0.977	0.977	0.977	0.977	0.977
0.3	0.880	0.899	0.910	0.917	0.920	0.923	0.925	0.928	0.928	0.929	0.929	0.929	0.929
0.4	0.800	0.830	0.848	0.859	0.866	0.870	0.875	0.878	0.879	0.880	0.880	0.881	0.881
0.5	0.703	0.741	0.765	0.781	0.791	0.799	0.810	0.812	0.814	0.816	0.817	0.818	0.818
0.6	0.606	0.651	0.682	0.703	0.717	0.727	0.737	0.746	0.749	0.751	0.753	0.754	0.755
0.7	0.527	0.574	0.607	0.630	0.648	0.660	0.674	0.685	0.690	0.692	0.694	0.697	0.698
0.8	0.449	0.496	0.532	0.558	0.578	0.593	0.612	0.623	0.630	0.633	0.636	0.639	0.642
0.9	0.392	0.437	0.473	0.499	0.520	0.536	0.559	0.572	0.579	0.584	0.588	0.592	0.596
1.0	0.334	0.378	0.414	0.441	0.463	0.482	0.505	0.520	0.529	0.536	0.540	0.545	0.550
1.1	0.295	0.336	0.369	0.396	0.418	0.436	0.462	0.479	0.489	0.496	0.501	0.508	0.513
1.2	0.257	0.294	0.325	0.352	0.374	0.392	0.419	0.437	0.449	0.457	0.462	0.470	0.477
1.3	0.229	0.263	0.292	0.318	0.339	0.357	0.384	0.403	0.416	0.424	0.431	0.440	0.448
1.4	0.201	0.232	0.260	0.284	0.304	0.321	0.350	0.369	0.383	0.393	0.400	0.410	0.420
1.5	0.180	0.209	0.235	0.258	0.277	0.294	0.322	0.341	0.356	0.366	0.374	0.385	0.397
1.6	0.160	0.187	0.210	0.232	0.251	0.267	0.294	0.314	0.329	0.340	0.348	0.360	0.374
1.7	0.145	0.170	0.191	0.212	0.230	0.245	0.272	0.292	0.307	0.317	0.326	0.340	0.355
1.8	0.130	0.153	0.173	0.192	0.209	0.224	0.250	0.270	0.285	0.296	0.305	0.320	0.337
1.9	0.119	0.140	0.159	0.177	0.192	0.207	0.233	0.251	0.263	0.278	0.288	0.303	0.320
2.0	0.108	0.127	0.145	0.161	0.176	0.189	0.214	0.233	0.241	0.260	0.270	0.285	0.304
2.1	0.099	0.116	0.133	0.148	0.163	0.176	0.199	0.220	0.230	0.244	0.255	0.270	0.292
2.2	0.090	0.107	0.122	0.137	0.150	0.163	0.185	0.208	0.218	0.230	0.239	0.256	0.280
2.3	0.083	0.099	0.113	0.127	0.139	0.151	0.173	0.193	0.205	0.216	0.226	0.243	0.269
2.4	0.077	0.092	0.105	0.118	0.130	0.141	0.161	0.178	0.192	0.204	0.213	0.230	0.258

续表 J.0.1

z/b	l/b												
	1.0	1.2	1.4	1.6	1.8	2.0	2.4	2.8	3.2	3.6	4.0	5.0	≥10.0
2.5	0.072	0.085	0.097	0.109	0.121	0.131	0.151	0.167	0.181	0.192	0.202	0.219	0.249
2.6	0.066	0.079	0.091	0.102	0.112	0.123	0.141	0.157	0.170	0.184	0.191	0.208	0.239
2.7	0.062	0.073	0.084	0.095	0.105	0.115	0.132	0.148	0.161	0.174	0.182	0.199	0.234
2.8	0.058	0.069	0.079	0.089	0.099	0.108	0.124	0.139	0.152	0.163	0.172	0.189	0.228
2.9	0.054	0.064	0.074	0.083	0.093	0.101	0.117	0.132	0.144	0.155	0.163	0.180	0.218
3.0	0.051	0.060	0.070	0.078	0.087	0.095	0.110	0.124	0.136	0.146	0.155	0.172	0.208
3.2	0.045	0.053	0.062	0.070	0.077	0.085	0.098	0.111	0.122	0.133	0.141	0.158	0.190
3.4	0.040	0.048	0.055	0.062	0.069	0.076	0.088	0.100	0.110	0.120	0.128	0.144	0.184
3.6	0.036	0.042	0.049	0.056	0.062	0.068	0.080	0.090	0.100	0.109	0.117	0.133	0.175
3.8	0.032	0.038	0.044	0.050	0.056	0.062	0.072	0.082	0.091	0.100	0.107	0.123	0.166
4.0	0.029	0.035	0.040	0.046	0.051	0.056	0.066	0.075	0.084	0.090	0.095	0.113	0.158
4.2	0.026	0.031	0.037	0.042	0.048	0.051	0.060	0.069	0.077	0.084	0.091	0.105	0.150
4.4	0.024	0.029	0.034	0.038	0.042	0.047	0.055	0.063	0.070	0.077	0.084	0.098	0.144
4.6	0.022	0.026	0.031	0.035	0.039	0.043	0.051	0.058	0.065	0.072	0.078	0.091	0.137
4.8	0.020	0.024	0.028	0.032	0.036	0.040	0.047	0.054	0.060	0.067	0.072	0.085	0.132
5.0	0.019	0.022	0.026	0.030	0.033	0.037	0.044	0.050	0.056	0.062	0.067	0.079	0.126

注：l、b——矩形基础边缘的长边和短边尺寸（m）；z——基底至下卧层土面的距离（m）。

J.0.2 矩形面积上均布荷载作用时中点处平均附加压应力系数 $\bar{\alpha}$ 可按表 J.0.2 取值。

表 J.0.2 矩形面积上均布荷载作用时中点处平均附加压应力系数 $\bar{\alpha}$

z/b	l/b												
	1.0	1.2	1.4	1.6	1.8	2.0	2.4	2.8	3.2	3.6	4.0	5.0	≥10.0
0.0	1.000	1.000	1.000	1.000	1.000	1.000	1.000	1.000	1.000	1.000	1.000	1.000	1.000
0.1	0.997	0.998	0.998	0.998	0.998	0.998	0.998	0.998	0.998	0.998	0.998	0.998	0.998
0.2	0.987	0.990	0.991	0.992	0.992	0.992	0.993	0.993	0.993	0.993	0.993	0.993	0.993
0.3	0.967	0.973	0.976	0.978	0.979	0.979	0.980	0.980	0.981	0.981	0.981	0.981	0.981
0.4	0.936	0.947	0.953	0.956	0.958	0.965	0.961	0.962	0.962	0.963	0.963	0.963	0.963
0.5	0.900	0.915	0.924	0.929	0.933	0.935	0.937	0.939	0.939	0.940	0.940	0.940	0.940
0.6	0.858	0.878	0.890	0.898	0.903	0.906	0.910	0.912	0.913	0.914	0.914	0.915	0.915
0.7	0.816	0.840	0.855	0.865	0.871	0.876	0.881	0.884	0.885	0.886	0.887	0.887	0.888
0.8	0.775	0.801	0.819	0.831	0.839	0.844	0.851	0.855	0.857	0.858	0.859	0.860	0.860
0.9	0.735	0.764	0.784	0.797	0.806	0.813	0.821	0.826	0.829	0.830	0.831	0.830	0.836
1.0	0.698	0.728	0.749	0.764	0.775	0.783	0.792	0.798	0.801	0.803	0.804	0.806	0.807
1.1	0.663	0.694	0.717	0.733	0.744	0.753	0.764	0.771	0.775	0.777	0.779	0.780	0.782

续表 J.0.2

z/b	l/b												
	1.0	1.2	1.4	1.6	1.8	2.0	2.4	2.8	3.2	3.6	4.0	5.0	≥10.0
1.2	0.631	0.663	0.686	0.703	0.715	0.725	0.737	0.744	0.749	0.752	0.754	0.756	0.758
1.3	0.601	0.633	0.657	0.674	0.688	0.698	0.711	0.719	0.725	0.728	0.730	0.733	0.735
1.4	0.573	0.605	0.629	0.648	0.661	0.672	0.687	0.696	0.701	0.705	0.708	0.711	0.714
1.5	0.548	0.580	0.604	0.622	0.637	0.648	0.664	0.673	0.679	0.683	0.686	0.690	0.693
1.6	0.524	0.556	0.580	0.599	0.613	0.625	0.641	0.651	0.658	0.663	0.666	0.670	0.675
1.7	0.502	0.533	0.558	0.577	0.591	0.603	0.620	0.631	0.638	0.643	0.646	0.651	0.656
1.8	0.482	0.513	0.537	0.556	0.571	0.588	0.600	0.611	0.619	0.624	0.629	0.633	0.638
1.9	0.463	0.493	0.517	0.536	0.551	0.563	0.581	0.593	0.601	0.606	0.610	0.616	0.622
2.0	0.446	0.475	0.499	0.518	0.533	0.545	0.563	0.575	0.584	0.590	0.594	0.600	0.606
2.1	0.429	0.459	0.482	0.500	0.515	0.528	0.546	0.559	0.567	0.574	0.578	0.585	0.591
2.2	0.414	0.443	0.466	0.484	0.499	0.511	0.530	0.543	0.552	0.558	0.563	0.570	0.577
2.3	0.400	0.428	0.451	0.469	0.484	0.496	0.515	0.528	0.537	0.544	0.548	0.554	0.564
2.4	0.387	0.414	0.436	0.454	0.469	0.481	0.500	0.513	0.523	0.530	0.535	0.543	0.551
2.5	0.374	0.401	0.423	0.441	0.455	0.468	0.486	0.500	0.509	0.516	0.522	0.530	0.539
2.6	0.362	0.389	0.410	0.428	0.442	0.473	0.473	0.487	0.496	0.504	0.509	0.518	0.528
2.7	0.351	0.377	0.398	0.416	0.430	0.461	0.461	0.474	0.484	0.492	0.497	0.506	0.517
2.8	0.341	0.366	0.387	0.404	0.418	0.449	0.449	0.463	0.472	0.480	0.486	0.495	0.506
2.9	0.331	0.356	0.377	0.393	0.407	0.438	0.438	0.451	0.461	0.469	0.475	0.485	0.496
3.0	0.322	0.346	0.366	0.383	0.397	0.409	0.429	0.441	0.451	0.459	0.465	0.474	0.487
3.1	0.313	0.337	0.357	0.373	0.387	0.398	0.417	0.430	0.440	0.448	0.454	0.464	0.477
3.2	0.305	0.328	0.348	0.364	0.377	0.389	0.407	0.420	0.431	0.439	0.445	0.455	0.468
3.3	0.297	0.320	0.339	0.355	0.368	0.379	0.397	0.411	0.421	0.429	0.436	0.446	0.460
3.4	0.289	0.312	0.331	0.346	0.359	0.371	0.388	0.402	0.412	0.420	0.427	0.437	0.452
3.5	0.282	0.304	0.323	0.338	0.351	0.362	0.380	0.393	0.403	0.412	0.418	0.429	0.444
3.6	0.276	0.297	0.315	0.330	0.343	0.354	0.372	0.385	0.395	0.403	0.410	0.421	0.436
3.7	0.269	0.290	0.308	0.323	0.335	0.346	0.364	0.377	0.387	0.395	0.402	0.413	0.429
3.8	0.263	0.284	0.301	0.316	0.328	0.339	0.356	0.369	0.379	0.388	0.394	0.405	0.422
3.9	0.257	0.277	0.294	0.309	0.321	0.332	0.349	0.362	0.372	0.380	0.387	0.398	0.415
4.0	0.251	0.271	0.288	0.302	0.311	0.325	0.342	0.355	0.365	0.373	0.379	0.391	0.408
4.1	0.246	0.265	0.282	0.296	0.308	0.318	0.335	0.348	0.358	0.366	0.372	0.384	0.402
4.2	0.241	0.260	0.276	0.290	0.302	0.312	0.328	0.341	0.352	0.359	0.366	0.377	0.396
4.3	0.236	0.255	0.270	0.284	0.296	0.306	0.322	0.335	0.345	0.353	0.359	0.371	0.390
4.4	0.231	0.250	0.265	0.278	0.290	0.300	0.316	0.329	0.339	0.347	0.353	0.365	0.384

续表 J. 0. 2

z/b	l/b												
	1. 0	1. 2	1. 4	1. 6	1. 8	2. 0	2. 4	2. 8	3. 2	3. 6	4. 0	5. 0	≥10. 0
4. 5	0. 226	0. 245	0. 260	0. 273	0. 285	0. 294	0. 310	0. 323	0. 333	0. 341	0. 347	0. 359	0. 378
4. 6	0. 222	0. 240	0. 255	0. 268	0. 279	0. 289	0. 305	0. 317	0. 327	0. 335	0. 341	0. 353	0. 373
4. 7	0. 218	0. 235	0. 250	0. 263	0. 274	0. 284	0. 299	0. 312	0. 321	0. 329	0. 336	0. 347	0. 367
4. 8	0. 214	0. 231	0. 245	0. 258	0. 269	0. 279	0. 294	0. 306	0. 316	0. 324	0. 330	0. 342	0. 362
4. 9	0. 210	0. 227	0. 241	0. 253	0. 265	0. 274	0. 289	0. 301	0. 311	0. 319	0. 325	0. 337	0. 357
5. 0	0. 206	0. 223	0. 237	0. 249	0. 260	0. 269	0. 284	0. 296	0. 306	0. 313	0. 320	0. 332	0. 352

注：l、b——矩形基础的长边和短边尺寸（m）；z——从基础底面算起的土层深度（m）。

续表 J. 0. 2

附录 K 桩基后压浆技术参数

K. 0. 1 浆液水灰比应根据土的饱和度和渗透性确定。对饱和土宜为 0.5～0.7，对非饱和土宜为 0.7～0.9（松散碎石土、砂砾宜为 0.5～0.6）。低水灰比浆液宜掺加减水剂；地下水流动时，应掺入速凝剂。

K. 0. 2 桩端压浆终止压力应根据土层性质及压浆点深度确定。对风化岩、非饱和黏性土及粉土，压浆压力宜为 3～10MPa；对饱和土层压浆压力宜为 1.2～4MPa，软土宜取低值，密实土宜取高值；桩侧压浆终止压力宜为桩端压浆的 1/3～1/2。

K. 0. 3 持荷时间为 5min。

K. 0. 4 压浆流量不宜超过 75L/min。

K. 0. 5 单桩压浆量应根据桩径、桩长、桩端桩侧土层性质、单桩承载力增幅等因素确定，可按下式计算：

$$G_c = \sum_{i=1}^{m} \alpha_{si} d + \alpha_p d \qquad (K. 0. 5)$$

式中：G_c——单桩压浆量（t）；

α_{si}、α_p——分别为第 i 压浆断面处桩侧压浆量经验系数、桩端压浆量经验系数（t/m），取值范围如表 K. 0. 5 所示；

m——桩侧压浆横断面数；

d——桩径（m）。

表 K. 0. 5 桩侧压浆量经验系数 α_{si}、桩端压浆量经验系数 α_p

土层名称	黏土、粉质黏土	粉土	粉砂	细砂	中砂	粗砂、砾砂	角砾、碎石	砾石、卵石	全风化岩、强风化岩
α_{si}	0.7～0.8	0.8～0.9	0.8～0.9	0.8～0.9	0.9～1.1	0.9～1.1	0.8～0.9	0.8～0.9	0.8～0.9
α_p	2.0～2.4	2.1～2.5	2.4～2.7	2.4～2.7	2.3～2.7	2.7～3.0	2.9～3.2	3.0～3.2	2.3～2.5

注：对于稍密和松散状态的砂、碎石土可取高值，对于密实状态的砂、碎石土可取低值。

附录 L　按 m 法计算弹性桩水平位移及作用效应

L. 0. 1　桩的计算宽度可按下列公式计算：

当 $d \geqslant 1.0$m 时：

$$b_1 = kk_f(d + 1) \tag{L. 0. 1-1}$$

当 $d < 1.0$m 时：

$$b_1 = kk_f(1.5d + 0.5) \tag{L. 0. 1-2}$$

对单排桩或 $L_1 \geqslant 0.6h_1$ 的多排桩：

$$k = 1.0 \tag{L. 0. 1-3}$$

对 $L_1 < 0.6h_1$ 的多排桩：

$$k = b_2 + \frac{1 - b_2}{0.6} \cdot \frac{L_1}{h_1} \tag{L. 0. 1-4}$$

式中：b_1——桩的计算宽度（m），$b_1 \leqslant 2d$；

　　　d——桩径或垂直于水平外力作用方向桩的宽度（m）；

　　　k_f——桩形状换算系数，根据水平力作用面（垂直于水平力作用方向）而定，圆形或圆端截面 $k_f = 0.9$；矩形截面 $k_f = 1.0$；圆端形与矩形组合截面 $k_f = \left(1 - 0.1\frac{a}{d}\right)$（图 L. 0. 1-1）；

　　　k——平行于水平力作用方向的桩间相互影响系数；

　　　L_1——平行于水平力作用方向的桩间净距（图 L. 0. 1-2）；梅花形布桩时，若相邻两排桩中心距 c 小于 $(d + 1)$ m 时，可按水平力作用面各桩间的投影距离计算（图 L. 0. 1-3）；

　　　h_1——地面或局部冲刷线以下桩的计算埋入深度，可取 $h_1 = 3(d + 1)$ m，但不应大于地面或局部冲刷线以下桩入土深度 h（图 L. 0. 1-2）；

　　　b_2——平行于水平力作用方向的一排桩的桩数有关系数，$n = 1$ 时，$b_2 = 1.0$；$n = 2$ 时，$b_2 = 0.6$；$n = 3$ 时，$b_2 = 0.5$；$n \geqslant 4$ 时，$b_2 = 0.45$。

在桩平面布置中，若平行于水平力作用方向的各排桩数量不等，且相邻（任何方向）桩间中心距大于或等于 $(d + 1)$ m，则所验算各桩可取同一个桩间影响系数 k，其值按桩数量最多的一排选取。此外，当垂直于水平力作用方向上有 n 根桩时，计算宽度取 nb_1，但应满足 $nb_1 \leqslant B + 1$（B 为 n 根桩垂直于水平力作用方向的外边缘距离，以 m 计，见图 L. 0. 1-4）。

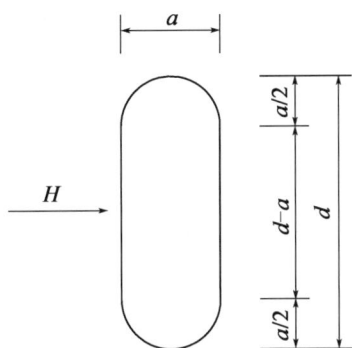

图 L.0.1-1 计算圆端形与矩形组合截面 k_f 值示意

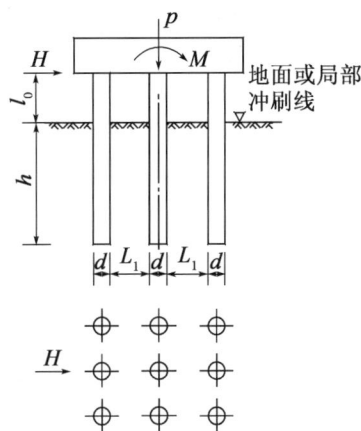

图 L.0.1-2 计算 k 值时桩基示意

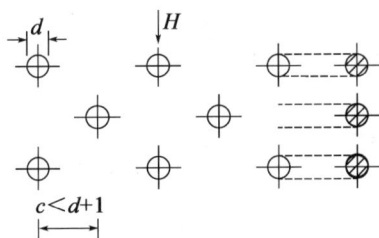

图 L.0.1-3 梅花形布置桩间净距示意

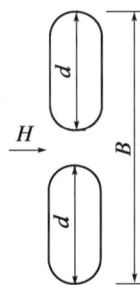

图 L.0.1-4 单桩宽度计算示意

L.0.2 桩基中桩的变形系数可按下列公式计算:

$$\alpha = \sqrt[5]{\frac{mb_1}{EI}} \qquad (\text{L.0.2-1})$$

$$EI = 0.8E_c I \qquad (\text{L.0.2-2})$$

式中:α——桩的变形系数(1/m);

EI——桩的抗弯刚度,对以受弯为主的钢筋混凝土桩,根据现行《公路钢筋混凝土及预应力混凝土桥涵设计规范》(JTG 3362)规定采用;

E_c——桩的混凝土抗压弹性模量;

I——桩的毛面积惯性矩;

m——非岩石地基抗力系数的比例系数。非岩石地基的抗力系数随埋深成比例增大,深度 z 处的地基水平向抗力系数 $C_z = mz$;桩端地基竖向抗力系数为 $C_0 = m_0 h$(当 $h < 10$m 时,取 $C_0 = 10m_0$)。其中 m 为非岩石地基水平向抗力系数的比例系数;m_0 为桩端处的地基竖向抗力系数的比例系数,m 和 m_0 应通过试验确定,缺乏试验资料时,可根据地基土分类、状态按表 L.0.2-1 查用。当基础侧面地面或局部冲刷线以下 $h_m = 2(d+1)$ m(对 $\alpha h \leqslant 2.5$ 的情况,取 $h_m = h$)深度内有两层土时(图 L.0.2),应将两层土的比例系数按式(L.0.2-3)换算成一个 m 值,作为整个深度的 m 值。岩石地基抗

力系数不随岩层埋深变化，取 $C_z = C_0$，其值可按表 L. 0. 2-2 采用或通过试验确定。

$$m = \gamma m_1 + (1 - \gamma) m_2 \qquad\qquad (\text{L. 0. 2-3})$$

$$\gamma = \begin{cases} 5 \left(h_1/h_m \right)^2 & h_1/h_m \leqslant 0.2 \\ 1 - 1.25 \left(1 - h_1/h_m \right)^2 & h_1/h_m > 0.2 \end{cases} \qquad (\text{L. 0. 2-4})$$

表 L. 0. 2-1 非岩石类土的 m 值和 m_0 值

土 的 名 称	m 和 m_0（kN/m⁴）	土 的 名 称	m 和 m_0（kN/m⁴）
流塑性黏土 $I_L > 1.0$，软塑黏性土 $1.0 \geqslant I_L > 0.75$，淤泥	3 000 ~ 5 000	坚硬，半坚硬黏性土 $I_L \leqslant 0$，粗砂，密实粉土	20 000 ~ 30 000
可塑黏土 $0.75 \geqslant I_L > 0.25$，粉砂，稍密粉土	5 000 ~ 10 000	砾砂，角砾，圆砾，碎石，卵石	30 000 ~ 80 000
硬塑黏性土 $0.25 \geqslant I_L > 0$，细砂，中砂，中密粉土	10 000 ~ 20 000	密实卵石夹粗砂，密实漂、卵石	80 000 ~ 120 000

注：1. 本表用于基础在地面处位移最大值不应超过 6mm 的情况，当位移较大时，应适当降低。

2. 当基础侧面设有斜坡或台阶，且其坡度（横:竖）或台阶总宽与深度之比大于 1:20 时，表中 m 值应减小 50% 取用。

表 L. 0. 2-2 岩石地基抗力系数 C_0

编 号	f_{rk}（kPa）	C_0（kN/m³）
1	1 000	300 000
2	≥25 000	15 000 000

注：f_{rk}——岩石的单轴饱和抗压强度标准值，对无法进行饱和的试样，可采用天然含水率单轴抗压强度标准值，当 1 000kPa < f_{rk} < 25 000kPa 时，可用直线内插法确定 C_0。

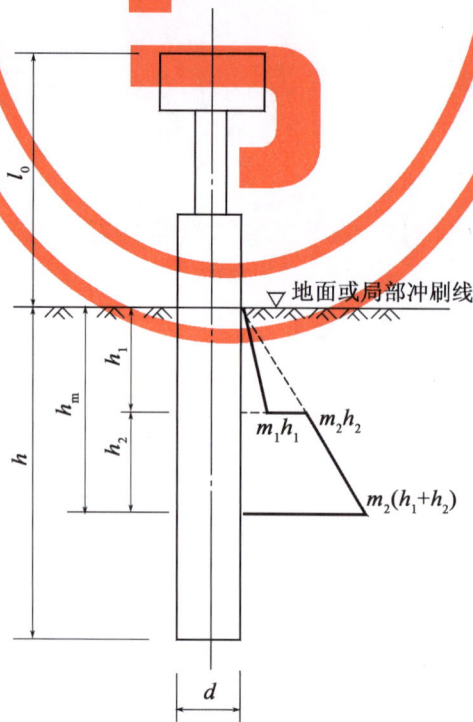

图 L. 0. 2 两层土 m 值换算计算示意

L.0.3 $\alpha h > 2.5$ 时，单排桩柱式桥墩承受桩柱顶荷载时的作用效应及位移可按表 L.0.3计算。

表 L.0.3　桩柱顶受力的单排桩柱式桥墩计算用表

			（1）柱顶自由，桩底支承在非岩石类土或基岩面上的单排桩式桥墩	（2）柱顶自由，桩底嵌固在基岩中的单排桩式桥墩
计算图式				
地面或局部冲刷线处桩的作用效应	弯矩		$M_0 = M + H\,(h_2 + h_1)$	
	剪力		$H_0 = H$	
地面或局部冲刷线处作用单位"力"时该截面产生的变位	$H_0 = 1$ 作用时	水平位移	$\delta_{HH}^{(0)} = \dfrac{1}{\alpha^3 EI} \times \dfrac{(B_3 D_4 - B_4 D_3) + k_h (B_2 D_4 - B_4 D_2)}{(A_3 B_4 - A_4 B_3) + k_h (A_2 B_4 - A_4 B_2)}$	$\delta_{HH}^{(0)} = \dfrac{1}{\alpha^3 EI} \times \dfrac{B_2 D_1 - B_1 D_2}{A_2 B_1 - A_1 B_2}$
		转角（rad）	$\delta_{MH}^{(0)} = \dfrac{1}{\alpha^2 EI} \times \dfrac{(A_3 D_4 - A_4 D_3) + k_h (A_2 D_4 - A_4 D_2)}{(A_3 B_4 - A_4 B_3) + k_h (A_2 B_4 - A_4 B_2)}$	$\delta_{MH}^{(0)} = \dfrac{1}{\alpha^2 EI} \times \dfrac{A_2 D_1 - A_1 D_2}{A_2 B_1 - A_1 B_2}$
	$M_0 = 1$ 作用时	水平位移	$\delta_{HM}^{(0)} = \delta_{MH}^{(0)} = \dfrac{1}{\alpha^2 EI} \times \dfrac{(B_3 C_4 - B_4 C_3) + k_h (B_2 C_4 - B_4 C_2)}{(A_3 B_4 - A_4 B_3) + k_h (A_2 B_4 - A_4 B_2)}$	$\delta_{HM}^{(0)} = \delta_{MH}^{(0)} = \dfrac{1}{\alpha^2 EI} \times \dfrac{B_2 C_1 - B_1 C_2}{A_2 B_1 - A_1 B_2}$
		转角（rad）	$\delta_{MM}^{(0)} = \dfrac{1}{\alpha EI} \times \dfrac{(A_3 C_4 - A_4 C_3) + k_h (A_2 C_4 - A_4 C_2)}{(A_3 B_4 - A_4 B_3) + k_h (A_2 B_4 - A_4 B_2)}$	$\delta_{MM}^{(0)} = \dfrac{1}{\alpha EI} \times \dfrac{A_2 C_1 - A_1 C_2}{A_2 B_1 - A_1 B_2}$
地面或局部冲刷线处桩变位	水平位移		$x_0 = H_0 \delta_{HH}^{(0)} + M_0 \delta_{HM}^{(0)}$	
	转角（rad）		$\varphi_0 = -(H_0 \delta_{MH}^{(0)} + M_0 \delta_{MM}^{(0)})$	
地面或局部冲刷线以下深度 z 处桩各截面内力	弯矩		$M_z = \alpha^2 EI \left(x_0 A_3 + \dfrac{\varphi_0}{\alpha} B_3 + \dfrac{M_0}{\alpha^2 EI} C_3 + \dfrac{H_0}{\alpha^3 EI} D_3 \right)$	
	剪力		$Q_z = \alpha^3 EI \left(x_0 A_4 + \dfrac{\varphi_0}{\alpha} B_4 + \dfrac{M_0}{\alpha^2 EI} C_4 + \dfrac{H_0}{\alpha^3 EI} D_4 \right)$	
桩柱顶水平位移			$\Delta = x_0 - \varphi_0 (h_2 + h_1) + \Delta_0$ 式中：$\Delta_0 = \dfrac{H}{E_1 I_1}\left[\dfrac{1}{3}(nh_1^3 + h_2^3) + nh_1 h_2 (h_1 + h_2) \right] + \dfrac{M}{2 E_1 I_1}\left[h_2^2 + nh_1 (2h_2 + h_1) \right]$	

注：表中 $\delta_{HH}^{(0)}$、$\delta_{MH}^{(0)}$、$\delta_{HM}^{(0)}$、$\delta_{MM}^{(0)}$ 的物理意义见图 L.0.3。

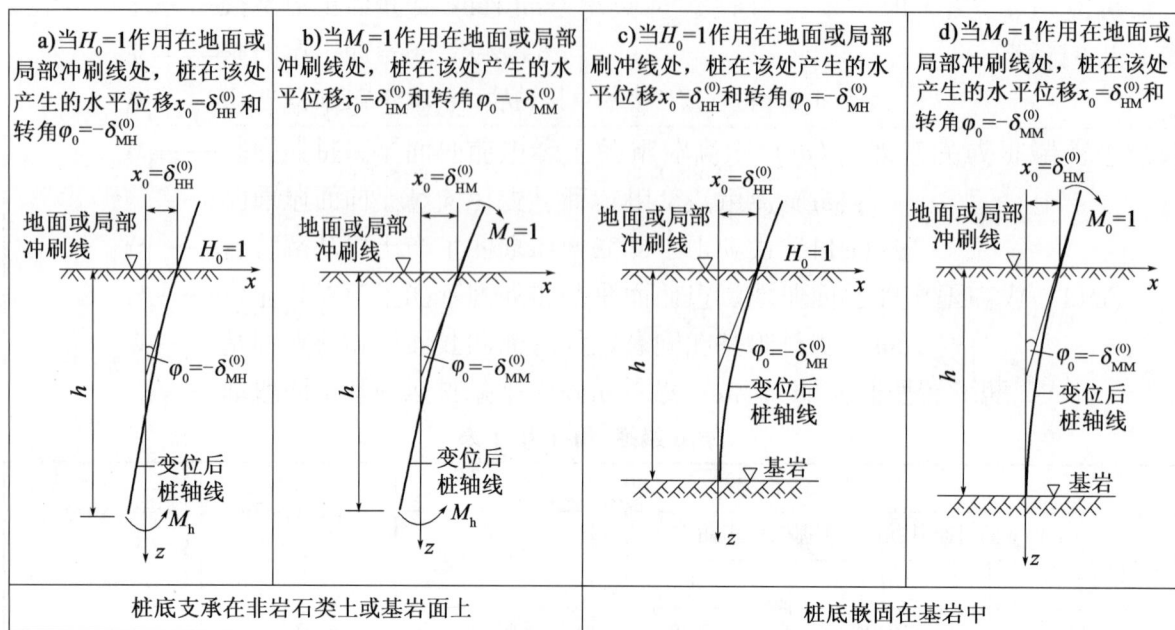

图 L.0.3 荷载作用下桩的变形

L.0.4 $\alpha h > 2.5$ 时，单排桩柱式桥台桩柱侧面受土压力作用时的作用效应及位移可按表 L.0.4 计算，并应符合下列规定：

1 表 L.0.4 适用于 $\alpha h > 2.5$ 桩的计算，对 $\alpha h \leq 2.5$ 的情况，见本规范附录 M。

2 系数 A_i、B_i、C_i、D_i（$i = 1$、2、3、4）值，在计算 $\delta_{HH}^{(0)}$、$\delta_{MH}^{(0)}$、$\delta_{HM}^{(0)}$ 和 $\delta_{MM}^{(0)}$ 时，根据 $\bar{h} = \alpha h$ 由表 L.0.8 查用；在计算 M_z 和 Q_z 时，根据 $\bar{h} = \alpha z$ 由表 L.0.8 查用；当 $\bar{h} > 4$ 时，按 $\bar{h} = 4$ 计算。

3 $k_h = \dfrac{C_0}{aE} \times \dfrac{I_0}{I}$ 为因桩端转动，桩端底面土体产生的抗力对 $\delta_{HH}^{(0)}$、$\delta_{MH}^{(0)}$、$\delta_{HM}^{(0)}$ 和 $\delta_{MM}^{(0)}$ 的影响系数。当桩底置于非岩石类土且 $\alpha h \geq 2.5$ 时，或置于基岩上且 $\alpha h \geq 3.5$ 时，取 $k_h = 0$。式中 C_0 按第 L.0.2 条确定。I、I_0 分别为地面或局部冲刷线以下桩截面和桩端面积惯性矩。

4 n 为桩式桥墩上段抗弯刚度 $E_1 I_1$ 与下段抗弯刚度 EI 的比值，EI 计算见第 L.0.2 条，$E_1 I_1 = 0.8 E_c I_1$，E_c 为桩身混凝土抗压弹性模量，I_1 为桩上段毛截面惯性矩。

5 q_1、q_2、q_3 和 q_4 为作用于桩上的土压力强度（kN/m），可按现行《公路桥涵设计通用规范》（JTG D60）的规定确定土压力作用及其在桩上的计算宽度。若地面或局部冲刷线以上桩为等截面，h_2 取全高，$h_1 = 0$。

6 桩的入土深度 $h \geq 4/\alpha$ 时，$z = 4/\alpha$ 深度以下桩身截面作用效应可忽略不计。

7 当基础侧面地面或局部冲刷线以下 $h_m = 2(d+1)$ m（对 $\alpha h \leq 2.5$ 的情况，取 $h_m = h$）深度内有两层土时，桩身实际最大弯矩可按下式进行修正：

$$M_{max} = \xi M_{zmax} \tag{L.0.4-1}$$

式中：M_{zmax}——根据表 L.0.3 或表 L.0.4 计算的桩身最大弯矩值；

$M_{\max}$——桩身实际最大弯矩值；

ξ——最大弯矩修正系数，可按下式计算：

$$\begin{cases} \xi = \dfrac{2\delta}{\delta+2}\dfrac{h_1}{h_m}+1 & \dfrac{h_1}{h_m} \leqslant \dfrac{1}{6}(\delta+2) \\[4mm] \xi = \dfrac{2\delta}{\delta-4}\dfrac{h_1}{h_m}+\dfrac{4+\delta}{4-\delta} & \dfrac{h_1}{h_m} > \dfrac{1}{6}(\delta+2) \end{cases} \quad (\text{L.0.4-2})$$

$$\delta = \dfrac{H_0}{H_0+0.1M_0}\lg\dfrac{m_2}{m_1} \quad (\text{L.0.4-3})$$

式中，H_0 单位为 kN，M_0 单位为 kN·m。

表 L.0.4　桩柱侧面受土压力的单排桩柱式桥台计算用表

		（1）桩柱身受梯形荷载，桩柱顶为自由，桩底支承在非岩石类土或基岩面上的单排桩式桥台	（2）桩柱身受梯形荷载，桩柱顶为自由，桩底嵌固在基岩中的单排桩式桥台
计算图式			
地面或局部冲刷线处桩的作用效应	弯矩	$M_0 = M + H(h_2+h_1) + \dfrac{1}{6}h_2[(2q_1+q_2)h_2 + 3(q_1+q_2)h_1] + \dfrac{1}{6}(2q_3+q_4)h_1^2$	
	剪力	$H_0 = H + \dfrac{1}{2}(q_1+q_2)h_2 + \dfrac{1}{2}(q_3+q_4)h_1$	
地面或局部冲刷线处作用单位"力"时该截面产生的变位	$H_0=1$ 作用时 — 水平位移	$\delta_{HH}^{(0)} = \dfrac{1}{\alpha^3 EI}\times\dfrac{(B_3D_4-B_4D_3)+k_h(B_2D_4-B_4D_2)}{(A_3B_4-A_4B_3)+k_h(A_2B_4-A_4B_2)}$	$\delta_{HH}^{(0)} = \dfrac{1}{\alpha^3 EI}\times\dfrac{B_2D_1-B_1D_2}{A_2B_1-A_1B_2}$
	$H_0=1$ 作用时 — 转角（rad）	$\delta_{MH}^{(0)} = \dfrac{1}{\alpha^2 EI}\times\dfrac{(A_3D_4-A_4D_3)+k_h(A_2D_4-A_4D_2)}{(A_3B_4-A_4B_3)+k_h(A_2B_4-A_4B_2)}$	$\delta_{MH}^{(0)} = \dfrac{1}{\alpha^2 EI}\times\dfrac{A_2D_1-A_1D_2}{A_2B_1-A_1B_2}$
	$M_0=1$ 作用时 — 水平位移	$\delta_{HM}^{(0)} = \delta_{MH}^{(0)} = \dfrac{1}{\alpha^2 EI}\times\dfrac{(B_3C_4-B_4C_3)+k_h(B_2C_4-B_4C_2)}{(A_3B_4-A_4B_3)+k_h(A_2B_4-A_4B_2)}$	$\delta_{HM}^{(0)} = \delta_{MH}^{(0)} = \dfrac{1}{\alpha^2 EI}\times\dfrac{B_2C_1-B_1C_2}{A_2B_1-A_1B_2}$
	$M_0=1$ 作用时 — 转角（rad）	$\delta_{MM}^{(0)} = \dfrac{1}{\alpha EI}\times\dfrac{(A_3C_4-A_4C_3)+k_h(A_2C_4-A_4C_2)}{(A_3B_4-A_4B_3)+k_h(A_2B_4-A_4B_2)}$	$\delta_{MM}^{(0)} = \dfrac{1}{\alpha EI}\times\dfrac{A_2C_1-A_1C_2}{A_2B_1-A_1B_2}$
地面或局部冲刷线处桩变位	水平位移	$x_0 = H_0\delta_{HH}^{(0)} + M_0\delta_{HM}^{(0)}$	
	转角（rad）	$\varphi_0 = -(H_0\delta_{MH}^{(0)} + M_0\delta_{MM}^{(0)})$	

续表 L.0.4

地面或局部冲刷线以下深度 z 处桩各截面内力	弯矩	$M_z = \alpha^2 EI\left(x_0 A_3 + \dfrac{\varphi_0}{\alpha}B_3 + \dfrac{M_0}{\alpha^2 EI}C_3 + \dfrac{H_0}{\alpha^3 EI}D_3\right)$
	剪力	$Q_z = \alpha^3 EI\left(x_0 A_4 + \dfrac{\varphi_0}{\alpha}B_4 + \dfrac{M_0}{\alpha^2 EI}C_4 + \dfrac{H_0}{\alpha^3 EI}D_4\right)$
桩柱顶水平位移		$\Delta = x_0 - \varphi_0(h_2 + h_1) + \Delta_0$ 式中：$\Delta_0 = \dfrac{M}{2E_1 I_1}(nh_1^2 + 2nh_1 h_2 + h_2^2) + \dfrac{H}{3E_1 I_1}(nh_1^3 + 3nh_1^2 h_2 + 3nh_1 h_2^2 + h_2^3)$ $+ \dfrac{1}{120E_1 I_1}\big[(11h_2^4 + 40nh_2^3 h_1 + 20nh_2 h_1^3 + 50nh_2^2 h_1^2)q_1 + 4(h_2^4 + 10nh_2^2 h_1^2$ $+ 5nh_2^3 h_1 + 5nh_2 h_1^3)q_2 + (11nh_1^4 + 15nh_2 h_1^3)q_3 + (4nh_1^4 + 5nh_2 h_1^3)q_4\big]$

注：表中 $\delta_{HH}^{(0)}$、$\delta_{MH}^{(0)}$、$\delta_{HM}^{(0)}$、$\delta_{MM}^{(0)}$ 的物理意义见图 L.0.3。

L.0.5 桩端最大和最小压应力应满足下式要求：

$$p_{\substack{\max \\ \min}} = \frac{N_{hk}}{A_0} \pm \frac{M_{hk}}{W_0} \leqslant q_r（钻孔桩）或 \ \alpha_r q_{rk}（沉入桩） \qquad (L.0.5)$$

式中：$p_{\max}$、$p_{\min}$——分别为桩端最大、最小压应力；

N_{hk}——桩底面的轴向力标准值，对非岩石类地基：$N_{hk} = P_k + G_k - T_k$；对岩石类地基：$N_{hk} = P_k + G_k$；

P_k——桩柱顶面处轴向力标准值；

G_k——全部桩柱自重，对非岩石类地基钻（挖）孔桩，局部冲刷线以下部分为桩身自重减去置换土重（当桩重计入浮重时，置换土重计入浮重）；

T_k——局部冲刷线以下桩侧面土的摩阻力标准值总和；

M_{hk}——桩底弯矩，令 $z = h$，由表 L.0.4 中 M_z 计算公式求得；当 $\alpha h \geqslant 4$ 时，取 $M_{hk} = 0$；

A_0、W_0——桩端面积及面积抵抗矩；

q_r——桩端处土的承载力特征值（kPa），按本规范第 6.3.3 条规定计算；

q_{rk}——桩端处土的承载力标准值（kPa），按本规范表 6.3.5-2 取用；

α_r——沉桩桩底承载力的影响系数，见本规范表 6.3.5-3。

此外，对置于非岩石类土或岩石面上 $\alpha h > 3.5$，以及嵌入岩石中 $\alpha h > 4$ 的桩，认为桩底压力均匀分布，可不验算桩端土的压应力。对支承在基岩面上的桩，当 $e > \rho$ 时（e 为荷载偏心距，ρ 为桩底面核心半径），应考虑桩底的压力重分布（可参见本规范附录 G）；对嵌入基岩中的桩应验算嵌固处截面强度。

L.0.6 $\alpha h > 2.5$ 时，多排竖直桩柱式桥墩承受桩顶荷载时的作用效应及位移可按表 L.0.6 计算。

表 L.0.6　桩顶受力的多排竖直桩式桥墩计算用表

计算图式			多排对称布置的竖直桩桥墩基础（高承台桩基）	
			（1）桩底布置在非岩石类土或基岩面上	（2）桩底嵌固在基岩中
计算图式				
桩顶作用单位"力"时桩柱顶产生的变位	$H=1$ 作用时	水平位移	$\delta_{HH}=\dfrac{l_0^3}{3EI}+\delta_{MM}^{(0)}l_0^2+2\delta_{MH}^{(0)}l_0+\delta_{HH}^{(0)}$	$\delta_{HH}^{(0)}$、$\delta_{HM}^{(0)}$、$\delta_{MH}^{(0)}$ 和 $\delta_{MM}^{(0)}$ 根据桩底埋置情况，采用表 L.0.3 或表 L.0.4 有关公式计算
		转角（rad）	$\delta_{MH}=\dfrac{l_0^2}{2EI}+\delta_{MM}^{(0)}l_0+\delta_{MH}^{(0)}$	
	$M=1$ 作用时	水平位移	$\delta_{HM}=\delta_{MH}=\dfrac{l_0^2}{2EI}+\delta_{MM}^{(0)}l_0+\delta_{HM}^{(0)}$	
		转角（rad）	$\delta_{MM}=\dfrac{l_0}{EI}+\delta_{MM}^{(0)}$	
任一桩顶发生单位变位时，桩顶产生的作用效应	沿轴线单位位移时桩顶产生的轴向力		$\rho_{PP}=\dfrac{1}{\dfrac{l_0+\xi h}{EA}+\dfrac{1}{C_0A_0}}$	ξ——系数，对端承桩，$\xi=1$；对摩擦桩（或摩擦支承管桩），打入或震动下沉时 $\xi=2/3$；钻（挖）孔时 $\xi=1/2$； A——入土部分桩的平均截面积； A_0——按下列公式计算： 摩擦桩： $A_0=\begin{cases}\pi\left(\dfrac{d}{2}+h\tan\dfrac{\overline{\varphi}}{4}\right)^2\\[2mm]\dfrac{\pi}{4}S^2\end{cases}$ 取小值 端承桩：$A_0=\pi d^2/4$ $\overline{\varphi}$——桩所穿过土层的平均内摩擦角； S——桩底面中心距； d——桩底面直径
	垂直桩轴线方向单位位移时桩顶产生的水平力		$\rho_{HH}=\dfrac{\delta_{MM}}{\delta_{HH}\delta_{MM}-(\delta_{MH})^2}$	
	垂直桩轴线方向单位位移时桩顶产生的弯矩		$\rho_{MH}=\dfrac{\delta_{MH}}{\delta_{HH}\delta_{MM}-(\delta_{MH})^2}$	
	桩顶单位转角时桩顶产生的水平力		$\rho_{HM}=\rho_{MH}$	
	桩顶单位转角时桩顶产生的弯矩		$\rho_{MM}=\dfrac{\delta_{HH}}{\delta_{HH}\delta_{MM}-(\delta_{MH})^2}$	

续表 L.0.6

承台发生单位变位时，所有桩顶对承台作用"反力"之和	承台产生竖向单位位移时，桩顶竖向反力之和	$\gamma_{cc} = n\rho_{PP}$	n——桩总根数； x_i——由坐标原点 O 至各桩轴线的距离； K_i——第 i 排桩根数
	承台产生水平向单位位移时，桩顶水平反力之和	$\gamma_{aa} = n\rho_{HH}$	
	承台绕原点 O 产生单位转角时，桩顶水平反力之和或水平方向产生单位位移时，桩柱顶反弯矩之和	$\gamma_{a\beta} = \gamma_{\beta a} = -n\rho_{HM} = -n\rho_{MH}$	
	承台发生单位转角时，桩顶反弯矩之和	$\gamma_{\beta\beta} = n\rho_{MM} + \rho_{PP}\sum K_i x_i^2$	
承台变位	竖直位移	$c = \dfrac{P}{\gamma_{cc}}$	P、H、M 为荷载作用于承台底面原点 O 处的竖直力、水平力和弯矩
	水平位移	$a = \dfrac{\gamma_{\beta\beta}H - \gamma_{a\beta}M}{\gamma_{aa}\gamma_{\beta\beta} - (\gamma_{a\beta})^2}$	
	转角（rad）	$\beta = \dfrac{\gamma_{aa}M - \gamma_{a\beta}H}{\gamma_{aa}\gamma_{\beta\beta} - (\gamma_{a\beta})^2}$	
桩顶作用效应	任一桩顶轴向力	$N_i = (c + \beta x_i)\rho_{PP}$	x_i 值在坐标原点 O 以右为正，以左为负
	任一桩顶剪力	$Q_i = a\rho_{HH} - \beta\rho_{HM} = \dfrac{H}{n}$	
	任一桩顶弯矩	$M_i = \beta\rho_{MM} - a\rho_{MH}$	
地面或局部冲刷线处桩顶截面上的作用"力"	水平力	$H_0 = Q_i$	
	弯矩	$M_0 = M_i + Q_i l_0$	

注：表中 δ_{HH}、δ_{HM}、δ_{MH} 和 δ_{MM} 的物理意义见图 L.0.6。

L.0.7 $\alpha h > 2.5$ 时，多排竖直桩桥台桩侧面受土压力作用时的作用效应及位移可按表 L.0.7 计算，并应符合下列规定：

1 q_1、q_2 为作用于桩上的土压力强度，可根据现行《公路桥涵设计通用规范》（JTG D60）确定土压力作用及其在桩上的计算宽度。

2 对承台底面坐标原点 O 位置的选择，当桩布置不对称时，原点 O 可任意选择；当桩布置对称时，选择于对称轴上，如表 L.0.7 中所示。

3 竖直桩布置不对称时的计算公式：

1）桩侧面不受土侧压力时，承台的竖向位移 c、水平位移 a、转角 β 由下列方程式联解求得：

$$\left. \begin{array}{l} c\gamma_{cc} + \beta\gamma_{c\beta} - P = 0 \\ a\gamma_{aa} + \beta\gamma_{a\beta} - H = 0 \\ a\gamma_{\beta a} + c\gamma_{\beta c} + \beta\gamma_{\beta\beta} - M = 0 \end{array} \right\} \qquad (\text{L.0.7-1})$$

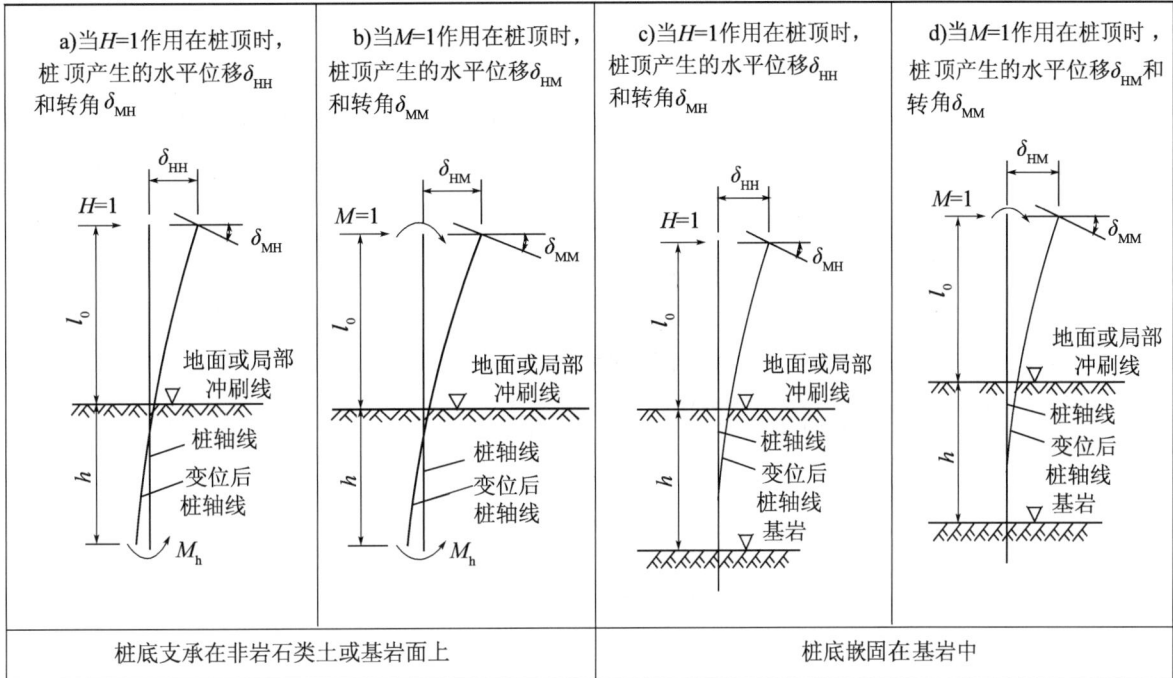

a)当H=1作用在桩顶时，桩顶产生的水平位移δ_{HH}和转角δ_{MH}	b)当M=1作用在桩顶时，桩顶产生的水平位移δ_{HM}和转角δ_{MM}	c)当H=1作用在桩顶时，桩顶产生的水平位移δ_{HH}和转角δ_{MH}	d)当M=1作用在桩顶时，桩顶产生的水平位移δ_{HM}和转角δ_{MM}
桩底支承在非岩石类土或基岩面上		桩底嵌固在基岩中	

图 L.0.6　荷载作用下桩的变形

2）桩侧面受土压力时，承台的竖向位移 c、水平位移 a、转角 β，由下列方程式联解求得：

$$\left. \begin{array}{l} c\gamma_{cc} + \beta\gamma_{c\beta} - P = 0 \\ a\gamma_{aa} + \beta\gamma_{a\beta} - (H - \sum Q_q) = 0 \\ a\gamma_{\beta a} + c\gamma_{\beta c} + \beta\gamma_{\beta\beta} - (M - \sum M_q) = 0 \end{array} \right\} \qquad (\text{L.0.7-2})$$

式中：$\gamma_{c\beta} = \gamma_{\beta c} = \rho_{PP}\sum k_i x_i$——承台绕坐标原点 O 产生单位转角时，所有桩顶对承台作用的竖向反力之和，或承台产生单位竖向位移时所有桩顶对承台作用的反弯矩之和；

x_i——坐标原点 O 至各桩轴线的距离，原点 O 以右为正，以左为负；

$\sum Q_q$、$\sum M_q$——分别为直接承受土压力的各桩 Q_q 和 M_q 的总和。

3）当地面或局部冲刷线在承台底以上时，承台周围土视作弹性介质，此时，形常

数 γ_{cc}、γ_{aa}、$\gamma_{a\beta}$、$\gamma_{c\beta}$ 和 $\gamma_{\beta\beta}$ 按下列公式计算：

$$\left.\begin{aligned}
\gamma_{cc} &= n\rho_{PP} \\
\gamma_{aa} &= n\rho_{HH} + b_1 F^c \\
\gamma_{a\beta} &= \gamma_{\beta a} = -n\rho_{HM} + b_1 S^c = -n\rho_{MH} + b_1 S^c \\
\gamma_{c\beta} &= \gamma_{\beta c} = \rho_{PP}\sum k_i x_i \\
\gamma_{\beta\beta} &= n\rho_{MM} + \rho_{PP}\sum k_i x_i^2 + b_1 I^c
\end{aligned}\right\} \quad (\text{L.0.7-3})$$

式中： b_1——与水平力相垂直的承台作用面底边的计算宽度，按本规范第 L.0.1 条确定；

F^c、S^c、I^c——分别为承台底面以上水平向地基系数图形面积对底面的面积矩和惯性矩；

$$\left.\begin{aligned}
F^c &= \frac{C_c h_c}{2} \\
S^c &= \frac{C_c h_c^2}{6} \\
I^c &= \frac{C_c h_c^3}{12}
\end{aligned}\right\} \quad (\text{L.0.7-4})$$

C_c——承台底面处水平向土的地基系数，$C_c = mh_c$；

h_c——承台底面埋入地面或局部冲刷线下的深度。

在计算 ρ_{PP}、ρ_{HH}、ρ_{MH} 和 ρ_{MM} 时，令有关公式中的 $l_0 = 0$。查表求系数 A_1、$B_1\cdots C_4$、D_4 时，换算深度 $\bar{h} = \alpha z$ 中的 z 自承台底面算起，此时可不考虑桩侧土压力。

4 按表 L.0.6、表 L.0.7 求得地面或局部冲刷线处桩弯矩 M_0（对直接承受梯形荷载的桩为 M_0'）和水平力 H_0（对直接承受梯形荷载的桩为 H_0'）后，即可按表 L.0.3 和表 L.0.4 计算地面或局部冲刷线处桩水平位移 x_0、转角 φ_0 及地面或局部冲刷线以下深度 z 处桩身各截面弯矩 M_z、剪力 Q_z 及桩底最大、最小压应力 p_{max} 和 p_{min}。

5 表中其他符号的意义与表 L.0.3、表 L.0.4 相同。

6 多排桩墩台顶的水平位移 Δ 按下式计算：

$$\Delta = a + \beta l + \Delta_0 \quad (\text{L.0.7-5})$$

式中：a——承台底的水平位移；

β——承台底的转角；

l——墩台顶至承台底的距离；

Δ_0——由承台底至墩台顶面间的弹性挠曲所引起的墩台顶水平位移。

表 L.0.7　桩侧面受土压力的多排竖直桩桥台计算用表

多排对称布置的竖直桩桥台基础（高承台桩基，桩侧承受梯形荷载）

（1）桩底设置在非岩石类土或基岩面上

（2）桩底嵌固在基岩中

计算图式

桩顶作用单位"力"时桩顶产生的变位

$H=1$ 作用时

水平位移：
$$\delta_{HH}=\frac{l_0^3}{3EI}+\delta_{MM}^{(0)}l_0^2+2\delta_{MH}^{(0)}l_0+\delta_{HH}^{(0)}$$

转角（rad）：
$$\delta_{MH}=\frac{l_0^2}{2EI}+\delta_{MM}^{(0)}l_0+\delta_{MH}^{(0)}$$

$M=1$ 作用时

水平位移：
$$\delta_{HM}=\delta_{MH}=\frac{l_0^2}{2EI}+\delta_{MM}^{(0)}l_0+\delta_{HM}^{(0)}$$

转角（rad）：
$$\delta_{MM}=\frac{l_0}{EI}+\delta_{MM}^{(0)}$$

$\delta_{HH}^{(0)}$、$\delta_{HM}^{(0)}$、$\delta_{MH}^{(0)}$ 和 $\delta_{MM}^{(0)}$ 根据桩底埋置情况，采用表 L.0.3 或表 L.0.4 有关公式计算

任一桩顶发生单位变位时，桩柱顶产生的内力

沿轴线仅单位位移时桩顶产生的轴向力：
$$\rho_{PP}=\frac{1}{\dfrac{l_0+\xi h}{EA}+\dfrac{1}{C_0A_0}}$$

垂直桩轴线方向单位位移时桩顶产生的水平力：
$$\rho_{HH}=\frac{\delta_{MM}}{\delta_{HH}\delta_{MM}-(\delta_{MH})^2}$$

垂直桩轴线方向发生单位位移时桩顶产生的弯矩：
$$\rho_{MH}=\frac{\delta_{MH}}{\delta_{HH}\delta_{MM}-(\delta_{MH})^2}$$

桩顶单位转角时桩顶产生的水平力：
$$\rho_{HM}=\rho_{MH}$$

桩顶单位转角时桩顶产生的弯矩：
$$\rho_{MM}=\frac{\delta_{HH}}{\delta_{HH}\delta_{MM}-(\delta_{MH})^2}$$

ξ——系数，对端承桩，$\xi=1$；对摩擦桩（或摩擦支承管桩），打入或震动下沉时 $\xi=2/3$；钻（挖）孔时 $\xi=1/2$；

A——入土部分桩的平均截面积；

A_0——按下列公式计算：

摩擦桩：
$$A_0=\begin{cases}\pi\left(\dfrac{d}{2}+h\tan\dfrac{\overline{\varphi}}{4}\right)^2\\[2mm]\dfrac{\pi}{4}S^2\end{cases}\ 取小值$$

端承桩：$A_0=\pi d^2/4$

$\overline{\varphi}$——桩所穿过土层的平均内摩擦角；

S——桩底面中心距；

d——桩底面直径

续表 L.0.7

承台发生单位变位时，所有桩顶对承台作用"反力"之和	承台产生竖向单位位移时，桩顶竖向反力之和	$\gamma_{cc} = n\rho_{PP}$	n——桩总根数； x_i——由坐标原点 O 至各桩轴线的距离； K_i——第 i 排桩根数
	承台产生水平向单位位移时，桩顶水平反力之和	$\gamma_{aa} = n\rho_{HH}$	
	承台绕原点 O 产生单位转角时，桩顶水平反力之和或水平向产生单位位移时，桩柱顶反弯矩之和	$\gamma_{a\beta} = \gamma_{\beta a} = -n\rho_{HM} = -n\rho_{MH}$	
	承台产生单位转角时，桩顶反弯矩之和	$\gamma_{\beta\beta} = n\rho_{MM} + \rho_{PP}\sum K_i x_i^2$	
承台变位	竖直位移	$c = \dfrac{P}{\gamma_{cc}}$	P、H、M 为荷载作用于承台底面原点 O 处的竖直力、水平力和弯矩。 $\sum M_q$、$\sum Q_q$ 分别为承受土压力的桩顶面作用于承台上的反弯矩和剪力之和。见本表末项
	水平位移	$a = \dfrac{\gamma_{\beta\beta}(H - \sum Q_q) - \gamma_{a\beta}(M - \sum M_q)}{\gamma_{aa}\gamma_{\beta\beta} - (\gamma_{a\beta})^2}$	
	转角（rad）	$\beta = \dfrac{\gamma_{aa}(M - \sum M_q) - \gamma_{a\beta}(H - \sum Q_q)}{\gamma_{aa}\gamma_{\beta\beta} - (\gamma_{a\beta})^2}$	
桩顶内力	任一桩顶轴向力	$N_i = (c + \beta x_i)\rho_{PP}$	x_i 值在坐标原点 O 以右为正，以左为负
	任一桩顶剪力	$Q_i = a\rho_{HH} - \beta\rho_{HM}$ 直接承受土压力桩：$Q_i' = Q_i + Q_q$	
	任一桩顶弯矩	$M_i = \beta\rho_{MM} - a\rho_{MH}$ 直接承受土压力桩：$M_i' = M_i + M_q$	
地面或局部冲刷线处桩顶截面上的作用"力"	水平力	$H_0 = Q_i$ 直接承受土压力桩： $H_0' = Q_i + Q_q + \left(\dfrac{q_1+q_2}{2}\right)l_0$	q_1、q_2——作用于桩顶与地面处的土压力强度； M_q、Q_q——直接承受土压力的桩上端（与承台连接处）作用于承台上的弯矩和剪力，如图 L.0.7 所示，图中 M_q 和 Q_q 方向均为正值
	弯矩	$M_0 = M_i + Q_i l_0$ 直接承受土压力桩： $M_0' = M_i + M_q + (Q_i + Q_q)l_0 + \left(\dfrac{2q_1+q_2}{6}\right)l_0^2$	
M_q 和 Q_q 由联立方程式求解		$M_{l_0} = M_q + Q_q l_0 + \left(\dfrac{q_1}{2!} + \dfrac{q_2-q_1}{3!}\right)l_0^2$ $Q_{l_0} = Q_q + \left(q_1 + \dfrac{q_2-q_1}{2!}\right)l_0$ $\dfrac{1}{EI}\left[\dfrac{M_q l_0^2}{2!} + \dfrac{Q_q l_0^3}{3!} + \dfrac{q_1 l_0^4}{4!} + \dfrac{(q_2-q_1)l_0^5}{5!}\right] = M_{l_0}\delta_{HM}^{(0)} + Q_{l_0}\delta_{HH}^{(0)}$ $\dfrac{1}{EI}\left[M_q l_0 + \dfrac{Q_q l_0^2}{2!} + \dfrac{q_1 l_0^3}{3!} + \dfrac{(q_2-q_1)l_0^3}{4!}\right] = -\left[M_{l_0}\delta_{MM}^{(0)} + Q_{l_0}\delta_{MH}^{(0)}\right]$	M_{l_0}、Q_{l_0}——直接承受土压力的桩，上端视为刚性嵌固于承台内，下端视为弹性嵌固在地面处时，桩在地面处的弯矩和剪力，如图 L.0.7 所示

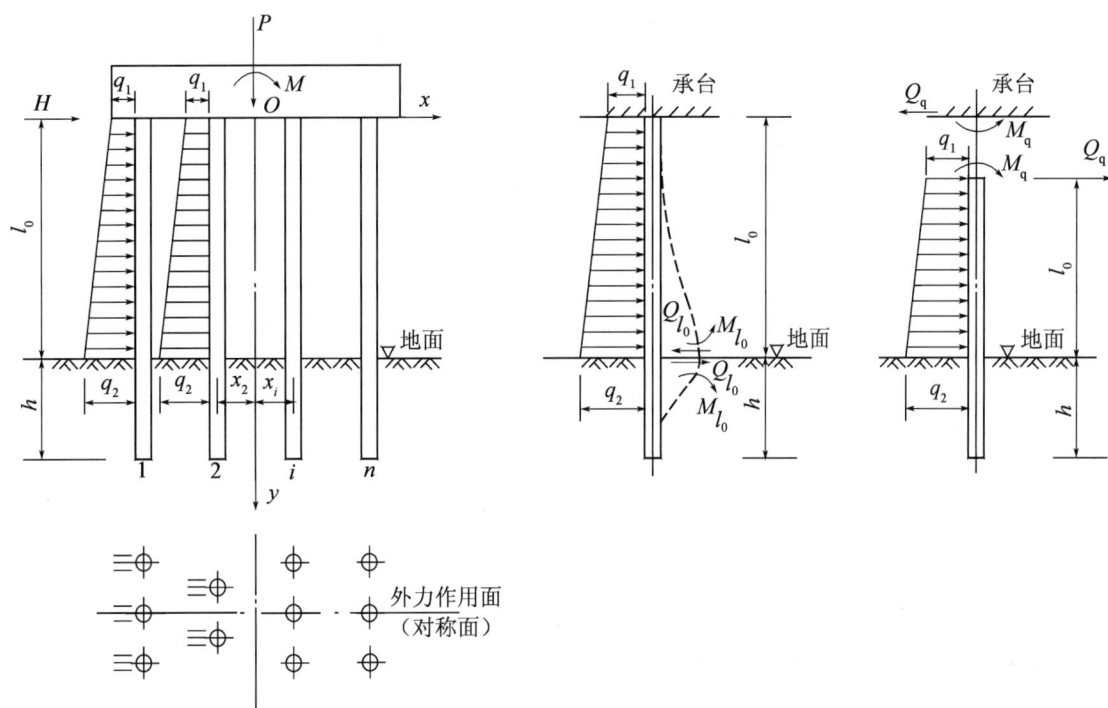

图 L.0.7 计算 M_q 和 Q_q 的示意

L.0.8 计算桩身作用效应无量纲系数应按表 L.0.8 取用。

表 L.0.8 计算桩身作用效应无量纲系数用表

$\bar{h}=\alpha z$	A_1	B_1	C_1	D_1	A_2	B_2	C_2	D_2	A_3	B_3	C_3	D_3	A_4	B_4	C_4	D_4
0	1.00000	0.00000	0.00000	0.00000	0.00000	1.00000	0.00000	0.00000	0.00000	0.00000	1.00000	0.00000	0.00000	0.00000	0.00000	1.00000
0.1	1.00000	0.10000	0.00500	0.00017	0.00000	1.00000	0.10000	0.00500	-0.00017	-0.00001	1.00000	0.10000	-0.00500	-0.00033	-0.00001	1.00000
0.2	1.00000	0.20000	0.02000	0.00133	-0.00007	1.00000	0.20000	0.02000	-0.00133	-0.00013	0.99999	0.20000	-0.02000	-0.00267	-0.00020	0.99999
0.3	0.99998	0.30000	0.04500	0.00450	-0.00034	0.99996	0.30000	0.04500	-0.00450	-0.00067	0.99994	0.30000	-0.04500	-0.00900	-0.00101	0.99992
0.4	0.99991	0.39999	0.08000	0.01067	-0.00107	0.99983	0.39998	0.08000	-0.01067	-0.00213	0.99974	0.39998	-0.08000	-0.02133	-0.00320	0.99966
0.5	0.99974	0.49996	0.12500	0.02083	-0.00260	0.99948	0.49994	0.12499	-0.02083	-0.00521	0.99922	0.49991	-0.12499	-0.04167	-0.00781	0.99896
0.6	0.99935	0.59987	0.17998	0.03600	-0.00540	0.99870	0.59981	0.17998	-0.03600	-0.01080	0.99806	0.59974	-0.17997	-0.07199	-0.01620	0.99741
0.7	0.99860	0.69967	0.24495	0.05716	-0.01000	0.99720	0.69951	0.24494	-0.05716	-0.02001	0.99580	0.69935	-0.24490	-0.11433	-0.03001	0.99440
0.8	0.99727	0.79927	0.31988	0.08532	-0.01707	0.99454	0.79891	0.31983	-0.08532	-0.03412	0.99181	0.79854	-0.31975	-0.17060	-0.05120	0.98908
0.9	0.99508	0.89852	0.40472	0.12146	-0.02733	0.99016	0.89779	0.40462	-0.12144	-0.05466	0.98524	0.89705	-0.40443	-0.24284	-0.08198	0.98032
1.0	0.99167	0.99722	0.49941	0.16657	-0.04167	0.98333	0.99583	0.49921	-0.16652	-0.08329	0.97501	0.99445	-0.49881	-0.33298	-0.12493	0.96667
1.1	0.98658	1.09508	0.60384	0.22163	-0.06096	0.97317	1.09262	0.60346	-0.22152	-0.12192	0.95975	1.09016	-0.60268	-0.44292	-0.18285	0.94634
1.2	0.97927	1.19171	0.71787	0.28758	-0.08632	0.95855	1.18756	0.71716	-0.28737	-0.17260	0.93783	1.18342	-0.71573	-0.57450	-0.25886	0.91712
1.3	0.96908	1.28660	0.84127	0.36536	-0.11883	0.93817	1.27990	0.84002	-0.36496	-0.23760	0.90727	1.27320	-0.83753	-0.72950	-0.35631	0.87638
1.4	0.95523	1.37910	0.97373	0.45588	-0.15973	0.91047	1.36865	0.97163	-0.45515	-0.31933	0.86573	1.35821	-0.96746	-0.90754	-0.47883	0.82102
1.5	0.93681	1.46839	1.11484	0.55997	-0.21030	0.87365	1.45259	1.11145	-0.55870	-0.42039	0.81054	1.43680	-1.10468	-1.11609	-0.63027	0.74745
1.6	0.91280	1.55346	1.26403	0.67842	-0.27194	0.82565	1.53020	1.25872	-0.67629	-0.54348	0.73859	1.50695	-1.24808	-1.35042	-0.81466	0.65156
1.7	0.88201	1.63307	1.42061	0.81193	-0.34604	0.76413	1.59963	1.41247	-0.80848	-0.69144	0.64637	1.56621	-1.39623	-1.61340	-1.03616	0.52871

续表 L.0.8

$\bar{h} = \alpha z$	A_1	B_1	C_1	D_1	A_2	B_2	C_2	D_2	A_3	B_3	C_3	D_3	A_4	B_4	C_4	D_4
1.8	0.843 13	1.705 75	1.583 62	0.961 09	−0.434 12	0.686 45	1.658 67	1.571 50	−0.955 64	−0.867 15	0.529 97	1.611 62	−1.547 28	−1.905 77	−1.299 09	0.373 68
1.9	0.794 67	1.769 72	1.751 90	1.126 37	−0.537 68	0.589 67	1.704 68	1.734 22	−1.117 96	−1.073 57	0.385 03	1.639 69	−1.698 89	−2.227 45	−1.607 70	0.180 71
2.0	0.735 02	1.822 94	1.924 02	1.308 01	−0.658 22	0.470 61	1.734 57	1.898 72	−1.295 35	−1.313 61	0.206 76	1.646 28	−1.848 18	−2.577 98	−1.966 20	−0.056 52
2.2	0.574 91	1.887 09	2.272 17	1.720 42	−0.956 16	0.151 27	1.731 10	2.222 99	−1.693 34	−1.905 67	−0.270 87	1.575 38	−2.124 81	−3.359 52	−2.848 58	−0.691 58
2.4	0.346 91	1.874 50	2.608 82	2.195 35	−1.338 89	−0.302 73	1.612 86	2.518 74	−2.141 17	−2.663 29	−0.948 85	1.352 01	−2.339 01	−4.228 11	−3.973 23	−1.591 51
2.6	0.033 146	1.754 73	2.906 70	2.723 65	−1.814 79	−0.926 02	1.334 85	2.749 72	−2.621 26	−3.599 87	−1.877 34	0.916 79	−2.436 95	−5.140 23	−5.355 41	−2.821 06
2.8	−0.385 48	1.490 37	3.128 43	3.287 69	−2.387 56	−1.754 83	0.841 77	2.866 53	−3.103 41	−4.717 48	−3.107 91	0.197 29	−2.345 58	−6.022 99	−6.990 07	−4.444 91
3.0	−0.928 09	1.036 79	3.224 71	3.858 38	−3.053 19	−2.824 10	0.068 37	2.804 06	−3.540 58	−5.999 79	−4.687 88	−0.891 26	−1.969 28	−6.764 60	−8.840 29	−6.519 72
3.5	−2.927 99	−1.271 72	2.463 04	4.979 82	−4.980 62	−6.708 06	−3.586 47	1.270 18	−3.919 21	−9.543 67	−10.340 40	−5.854 02	1.074 08	−6.788 95	−13.692 40	−13.826 10
4.0	−5.853 33	−5.940 97	−0.926 77	4.547 80	−6.533 16	−12.158 10	−10.608 40	−3.766 47	−1.614 28	−11.730 66	−17.918 60	−15.075 50	9.243 68	−0.357 62	−15.610 50	−23.140 40

注:z——自地面或最大冲刷线以下的深度。

附录 M 刚性桩位移及作用效应计算方法

M.0.1 本附录适用于 $\alpha h \leqslant 2.5$ 的桩基础、沉井基础的水平位移及作用效应计算，对支承在非岩石上的基础和岩石上的深基础，可分别采用表 M.0.1-1 和表 M.0.1-2 方法计算。

表 M.0.1-1 支承在非岩石上的刚性桩水平位移及作用效应计算方法

	(1) 当水平力 H 与偏心竖向力 N 共同作用时	(2) 当仅有偏心竖向力 N 作用时
计算图示		
基础转角	$\omega = \dfrac{6H}{Amh}$	$\omega = \dfrac{2\beta(Ne)}{mhB} = \dfrac{2\beta M}{mhB}$
基础旋转中心至地面或局部冲刷线的距离	$z_0 = \dfrac{\beta b_1 h^2(4\lambda - h) + 6dW_0}{2\beta b_1 h(3\lambda - h)}$	$z_0 = \dfrac{2h}{3}$
地面或局部冲刷线以下深度 z 处基础截面上的弯矩	$M_z = H(\lambda - h + z) - \dfrac{Hb_1 z^3}{2hA}(2z_0 - z)$	$M_z = M_1 - \dfrac{\beta M b_1 z^3}{6Bh}(2z_0 - z)$
地面或局部冲刷线以下深度 z 处基础侧面水平压力	$p_z = \dfrac{6H}{Ah}z(z_0 - z)$	$p_z = \dfrac{2\beta M}{Bh}z(z_0 - z)$
基础底面的竖向压力	$p_{\max}^{\min} = \dfrac{N}{A_0} \pm \dfrac{3dH}{A\beta}$	$p_{\max}^{\min} = \dfrac{N}{A_0} \pm \dfrac{dM}{B}$

续表 M.0.1-1

表内系数	$A = \dfrac{\beta b_1 h^3 + 18dW_0}{2\beta(3\lambda - h)}$;　$B = \dfrac{1}{18}\beta b_1 h^3 + dW_0$;　$\beta = \dfrac{mh}{c_0} = \dfrac{mh}{m_0 h} = \dfrac{m}{m_0}$;　$\lambda = \dfrac{\sum M}{H}$

注:　β——深度 h 处基础侧面的地基系数与基础底面土的地基系数之比,当基础底面置于非岩石类土上时,

m、m_0 按本规范附录表 L.0.2-1 查取;当置于岩石上时,C_0 按表 L.0.2-2 查取;

$\lambda = (\sum M)/H$——地面或局部冲刷线以上所有水平力和竖向力对基础底面重心总弯矩与水平力合力之比(m);

d——水平力作用面(垂直于水平力作用方向)的基础直径或宽度(m);

W_0——基础底面的边缘弹性抵抗矩;

b_1——基础的计算宽度(m),见本规范第 L.0.1 条;

A_0——基础底面积(m²);

N——基础底面处竖向力标准值(包括基础自重)(kN);

e——基础底面处竖向力偏心距(m);

M——基础底面处竖向力偏心弯矩标准值(kN·m);

N_1——基础 z 深度截面处的竖向力(包括 z 以上基础自重)(kN);

M_1——由竖向力 N_1(包括 z 以上基础自重)在基础 z 深度截面处产生的偏心弯矩(kN·m),$M_1 = N_1 e_1$,

e_1 为深度 z 处的 N_1 偏心距;当基础形状对称时,$M_1 = N_1 e$。

表 M.0.1-2　支承在岩石上的刚性桩水平位移及作用效应计算方法

计算图式	(1) 当水平力 H 与偏心竖向力 N 共同作用时	(2) 当仅有偏心竖向力 N 作用时
计算图式		
基础转角	$\omega = \dfrac{H}{mhD_0}$	$\omega = \dfrac{Ne}{D_1 mh} = \dfrac{M}{D_1 mh}$
基础旋转中心至地面或局部冲刷线的距离	$z_0 = h$	$z_0 = h$
地面或局部冲刷线以下深度 z 处基础截面上的弯矩	$M_z = H(\lambda - h + z) - \dfrac{z^3 b_1 H}{12 D_0 h}(2h - z)$	$M_z = M_1 - \dfrac{z^3 b_1 M}{12 D_1 h}(2h - z)$
地面或局部冲刷线以下深度 z 处基础侧面水平压力	$p_z = (h - z)z\dfrac{H}{D_0 h}$	$p_z = (h - z)z\dfrac{M}{D_1 h}$

续表 M. 0. 1-2

基础底的竖直压力	$p_{min}^{max} = \dfrac{N}{A_0} \pm \dfrac{dH}{2\beta D_0}$	$p_{min}^{max} = \dfrac{N}{A_0} \pm \dfrac{dM}{2\beta D_1}$
基础嵌固处水平力	$H_1 = H\left(\dfrac{b_1 h^2}{6D_0} - 1\right)$	$H_1 = b_1\dfrac{h^2 M}{6D_1}$
表内系数	$D_0 = \dfrac{b_1\beta h^3 + 6dW_0}{12\lambda\beta}$ ； $D_1 = \dfrac{b_1\beta h^3 + 6dW_0}{12\beta}$ ； $\beta = \dfrac{mh}{c_0} = \dfrac{mh}{m_0 h} = \dfrac{m}{m_0}$ ； $\lambda = \dfrac{\sum M}{H}$	

注：符号意义同表 M.0.1-1。

M. 0. 2 为了保证基础在土中有可靠的嵌固，基础侧面水平压力 p_z 应满足下列条件：

$$\left. \begin{aligned} p_{\frac{h}{3}} &\leqslant \frac{4}{\cos\varphi}\left(\frac{\gamma}{3}h\tan\varphi + c\right)\eta_1\eta_2 \\ p_h &\leqslant \frac{4}{\cos\varphi}(\gamma h\tan\varphi + c)\eta_1\eta_2 \end{aligned} \right\} \tag{M. 0. 2}$$

式中：$p_{\frac{h}{3}}$、p_h——相应于 $z = \dfrac{h}{3}$ 和 $z = h$ 深度处的水平压力；

φ、γ、c——土的内摩擦角、重度、黏聚力，对透水性土，γ 取浮重度，在验算深度范围内有数层土时，取各层土的加权平均值；

η_1——系数，对外超静定推力拱桥的墩台 $\eta_1 = 0.7$，其他结构体系的墩台 $\eta_1 = 1.0$；

η_2——考虑结构重力在总荷载中所占百分比的系数，$\eta_2 = 1 - 0.8\dfrac{M_g}{M}$；

M_g——结构自重对基础底面重心产生的弯矩；

M——全部荷载对基础底面重心产生的总弯矩。

M. 0. 3 墩台顶面水平位移采用下式计算：

$$\Delta = k_1\omega z_0 + k_2\omega l_0 + \delta_0 \tag{M. 0. 3}$$

式中：l_0——地面或局部冲刷线至墩台顶面的高度；

δ_0——在 l_0 范围内墩台身与基础变形产生的墩台顶面水平位移；

k_1、k_2——考虑基础刚性影响的系数，按表 M.0.3 采用。

表 M. 0. 3　k_1、k_2 系数

换算深度 $\bar{h} = \alpha h$	系　数	λ/h				
		1	2	3	5	∞
1.6	k_1	1.0	1.0	1.0	1.0	1.0
	k_2	1.0	1.1	1.1	1.1	1.1
1.8	k_1	1.0	1.1	1.1	1.1	1.1
	k_2	1.1	1.2	1.2	1.2	1.3

续表 M. 0. 3

换算深度 $\bar{h} = \alpha h$	系 数	λ/h				
		1	2	3	5	∞
2.0	k_1	1.1	1.1	1.1	1.1	1.2
	k_2	1.2	1.3	1.4	1.4	1.4
2.2	k_1	1.1	1.2	1.2	1.2	1.2
	k_2	1.2	1.5	1.6	1.6	1.7
2.4	k_1	1.1	1.2	1.3	1.3	1.3
	k_2	1.3	1.8	1.9	1.9	2.0
2.5	k_1	1.2	1.3	1.4	1.4	1.4
	k_2	1.4	1.9	2.1	2.2	2.3

注：1. $\alpha h < 1.6$ 时，$k_1 = k_2 = 1.0$。

2. 当仅有偏心竖向力作用时，$\lambda/h \to \infty$。

附录 N 群桩作为整体基础的计算

N.0.1 群桩（摩擦桩）作为整体基础时，桩基可视为图 N.0.1 中 *acde* 范围内的实体基础。

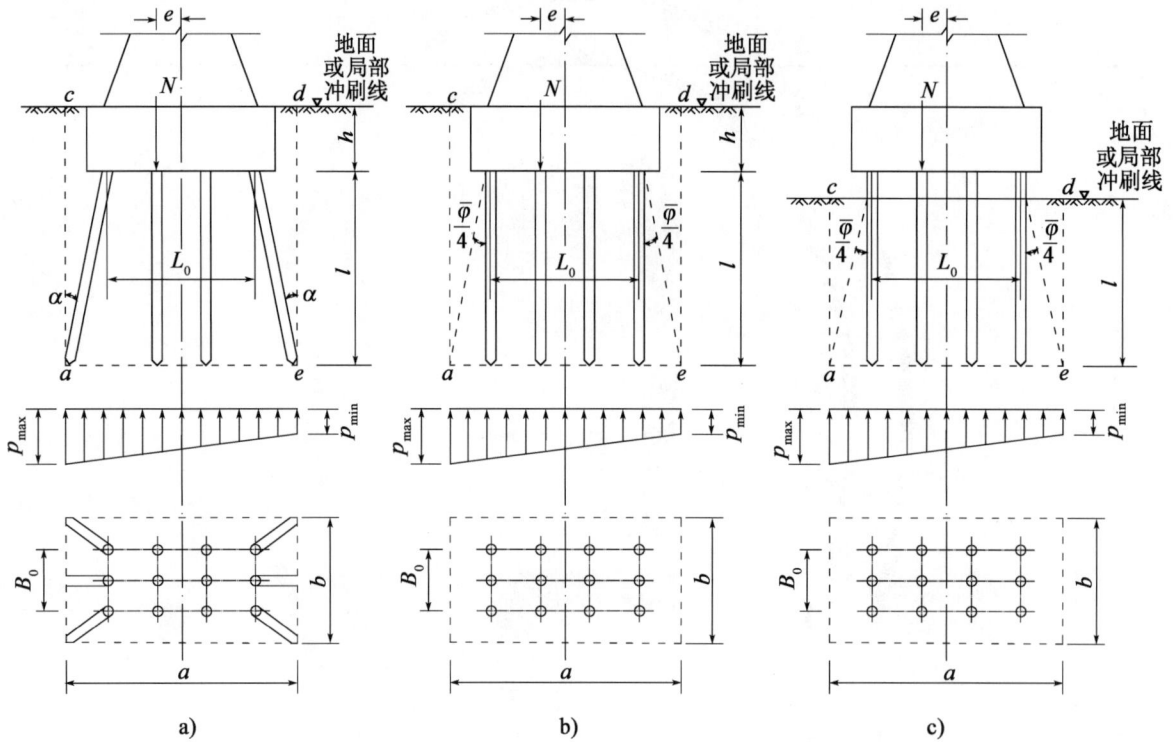

图 N.0.1 群桩作为整体基础计算示意

N.0.2 整体基础计算应符合下列规定：

1 轴心受压时：

$$p = \overline{\gamma}l + \gamma h - \frac{BL\gamma h}{A} + \frac{N}{A} \leqslant f_a \qquad (\text{N.0.2-1})$$

2 偏心受压时，除满足第 1 款外，尚应满足下列条件：

$$p_{max} = \overline{\gamma}l + \gamma h - \frac{BL\gamma h}{A} + \frac{N}{A}\left(1 + \frac{eA}{W}\right) \leqslant \gamma_R f_a \qquad (\text{N.0.2-2})$$

$$A = ab \qquad (\text{N.0.2-3})$$

当桩的斜度 $\alpha \leqslant \dfrac{\overline{\varphi}}{4}$ 时：

$$a = L_0 + d + 2l\tan\frac{\overline{\varphi}}{4} \qquad (\text{N. 0. 2-4})$$

$$b = B_0 + d + 2l\tan\frac{\overline{\varphi}}{4} \qquad (\text{N. 0. 2-5})$$

当桩的斜度 $\alpha > \dfrac{\overline{\varphi}}{4}$ 时：

$$a = L_0 + d + 2l\tan\alpha \qquad (\text{N. 0. 2-6})$$

$$b = B_0 + d + 2l\tan\alpha \qquad (\text{N. 0. 2-7})$$

$$\overline{\varphi} = \frac{\varphi_1 l_1 + \varphi_2 l_2 + \cdots + \varphi_n l_n}{l} \qquad (\text{N. 0. 2-8})$$

式中：　　　　p——桩端平面处的平均压应力（kPa）；

p_{max}——桩端平面处的最大压应力（kPa）；

$\overline{\gamma}$——承台底面至桩端平面包括桩的重力在内的土的平均重度（kN/m³）；

l——桩的深度（m）；

γ——承台底面以上土的重度（kN/m³）；

L——承台长度（m）；

B——承台宽度（m）；

N——作用于承台底面合力的竖向分力（kN）；

A——假定的实体基础在桩端平面处的计算面积（m²）；

a、b——假定的实体基础在桩端平面处的计算宽度和长度（m）；

L_0——外围桩中心围成的矩形轮廓长度（m）；

B_0——外围桩中心围成的矩形轮廓宽度（m）；

d——桩的直径（m）；

W——假定的实体基础在桩端平面处的截面抵抗矩（m³）；

e——作用于承台底面合力的竖向分力对桩端平面处计算面积重心轴的偏心距（m）；

$\overline{\varphi}$——基桩所穿过土层的平均土内摩擦角（°）；

$\varphi_1 l_1$、$\varphi_2 l_2 \cdots \varphi_n l_n$——各层土的内摩擦角与相应土层厚度的乘积；

f_a——桩端平面处修正后的地基承载力特征值（kPa），按本规范第4.3.4条、第4.3.5条规定采用，并应按本规范第3.0.7条予以提高；

γ_R——抗力系数，见本规范第3.0.7条。

附录 P 沉井下沉过程中井壁的计算

P.0.1 沉井应验算下沉过程中底节沉井井壁的承载能力和变形，可按下列框架模式计算其荷载效应：

1 当排水挖土下沉时，沉井底节假定竖向支承在四个支点"1"上（图 P.0.1-1）。

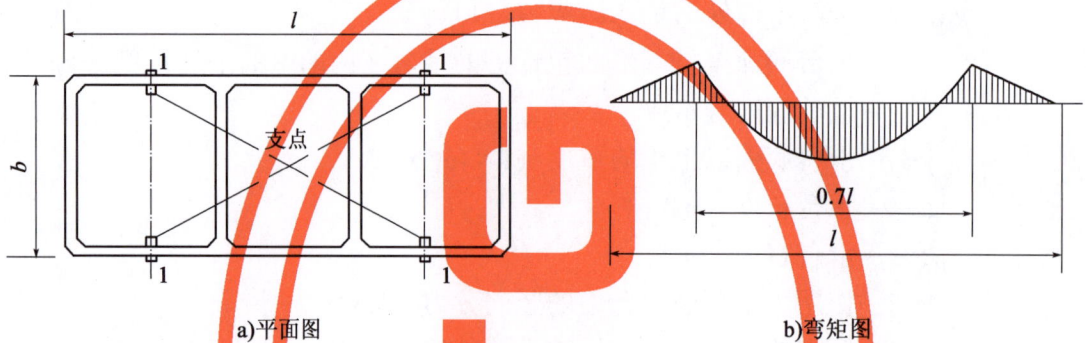

a)平面图   b)弯矩图

图 P.0.1-1 排水下沉的沉井

2 当不排水下沉时，沉井底节假定竖向支承在长边的中心支点"2"上或竖向支承在短边两端的四角支点"3"上（图 P.0.1-2）。

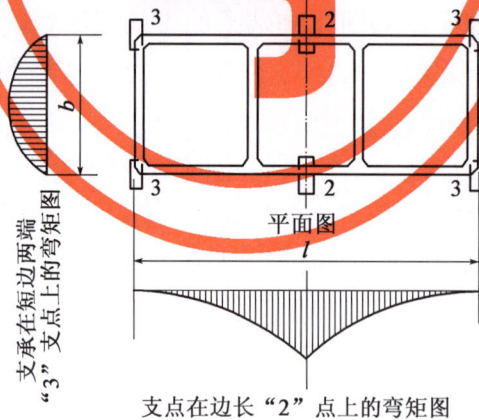

图 P.0.1-2 不排水挖土下沉的沉井

P.0.2 沉井应验算下沉过程中井壁竖直方向的抗拉强度，可按下列规定进行：

1 假定沉井被四周土体摩阻力嵌固且刃脚下的土已被挖空。

2 假定接缝处混凝土不承受拉力而全部由接缝钢筋承受。

3 等截面沉井井壁（本节只适用于沉井顶面与地面平齐的情况，考虑沉井露出地面以上时的情况时，最大拉力的作用位置下移，且最大值减小）的摩阻力假定沿沉井总高按三角形分布，即在刃脚底面处为零，在地面处为最大。此时，最危险的截面在沉井入土深度的 1/2 处［图 P.0.2a)］，最大竖向拉力 P_{max} 为沉井全部重力 G_k 的 1/4，即：

$$P_{max} = \frac{G_k}{4}$$ (P.0.2-1)

4 台阶形井壁每段井壁变阶处均需要进行计算，变阶处的井壁拉力 P_x［图 P.0.2b)］可按下列公式计算：

$$P_x = G_{xk} - \frac{1}{2}uq_x x$$ (P.0.2-2)

$$q_x = \frac{x}{h}q_d$$ (P.0.2-3)

式中：P_x——距刃脚底面 x 变阶处的井壁拉力（kN）；

　　　G_{xk}——x 高度范围内的沉井自重（kN）；

　　　u——井壁周长（m）；

　　　q_x——距刃脚底面 x 变阶处的摩阻力（kPa）；

　　　q_d——沉井顶面摩阻力（kPa）；

　　　h——沉井总高（m）；

　　　x——刃脚底面至变阶处（或验算截面）的高度（m）。

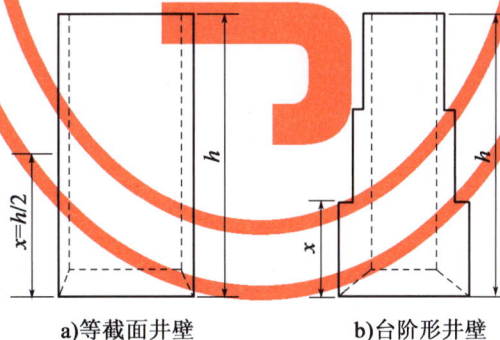

a)等截面井壁　　　　　　　b)台阶形井壁

图 P.0.2　沉井井壁竖直受拉

P.0.3　沉井应验算下沉过程中井壁水平方向的承载力，可取水平框架进行验算，水平荷载可按下列规定确定：

1 根据排水或不排水情况考虑井壁作用的水压力和土压力。

2 采用泥浆套下沉的沉井，泥浆压力大于水压力和土压力等水平荷载时，井壁压力按泥浆压力计算；采用空气幕下沉的沉井，井壁压力与普通沉井的计算相同。

3 除计入该段井壁范围内的水平荷载外，还应考虑由刃脚悬臂传来的水平剪力（图 P.0.3）。

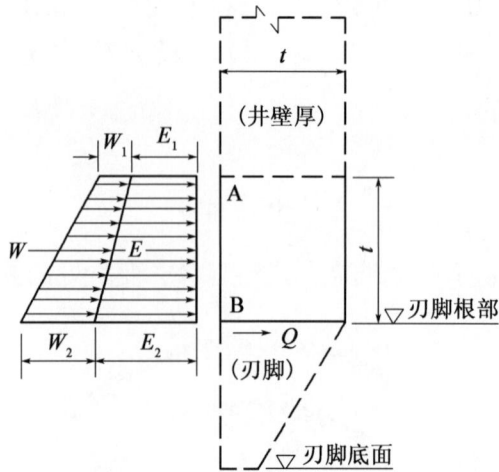

图 P.0.3 刃脚根部以上高度等于井壁厚度的一段井壁框架荷载分布

4 对刃脚根部取其以上高度等于该处壁厚的一段井壁计算，作用在该段井壁上的平均荷载 q 按式（P.0.3-1）~式（P.0.3-5）计算：

$$q = W + E + Q \tag{P.0.3-1}$$

$$W = \frac{W_1 + W_2}{2} \cdot t \tag{P.0.3-2}$$

$$W_1 = \lambda h_1 \gamma_w \tag{P.0.3-3}$$

$$W_2 = \lambda h_2 \gamma_w \tag{P.0.3-4}$$

$$E = \frac{E_1 + E_2}{2} \cdot t \tag{P.0.3-5}$$

式中：q——作用在井壁高度 t 段上的平均荷载（kN/m）；

W——作用在井壁高度 t 段上的水压力（kN/m），其作用点距刃脚根部为 $\frac{W_2 + 2W_1}{W_2 + W_1} \cdot \frac{t}{3}$；

W_1——作用在刃脚根部以上，高度 t 范围内截面 A 上的单位水压力（kPa）；

W_2——作用在刃脚根部截面 B 的单位水压力（kPa）；

t——井壁厚度（m）；

h_1、h_2——验算截面 A 和 B 距水面的高度（m）；

γ_w——水的重度（10kN/m³）；

λ——折减系数，排水挖土时，井内无水压，井外水压视土质而定，砂土 $\lambda = 1.0$，黏性土 $\lambda = 0.7$；不排水挖土时，井外水压以 100% 计，$\lambda = 1.0$，井内水压以 50% 计，$\lambda = 0.5$；

E——作用在 t 段井壁上的土侧压力（kN/m），其作用点距刃脚根部为 $\frac{E_2 + 2E_1}{E_2 + E_1} \cdot \frac{t}{3}$；

E_1——作用在刃脚根部以上，高度 t 处 A 截面的单位土侧压力（kPa），可按现行《公路桥涵设计通用规范》（JTG D60）有关土侧压力公式计算；

E_2——作用在刃脚根部处 B 截面的单位土侧压力（kPa）；

  Q——由刃脚传来的水平力（kN/m），其值等于作用在刃脚悬臂梁上的水平力乘以分配系数 α，见式（Q.0.5-1）。

5　对其余各段井壁，取井壁断面变化处以上单位高度一段井壁计算，作用在框架上的平均荷载 q 按式（P.0.3-1）计算，但不考虑由刃脚悬臂传来的水平剪力。

附录 Q　沉井下沉过程中刃脚的计算

Q.0.1　沉井刃脚抗弯承载能力验算可分别采用悬臂梁和框架结构模型进行。

Q.0.2　刃脚作为向外弯曲的悬臂梁进行承载能力验算时，其作用力可按下列规定计算（图 Q.0.2-1、图 Q.0.2-2）：

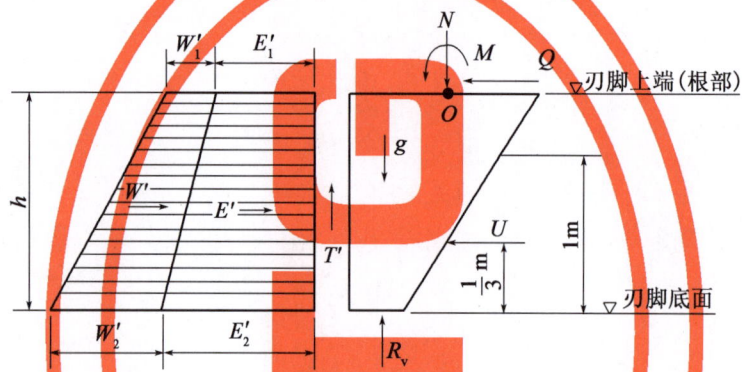

图 Q.0.2-1　刃脚受力示意

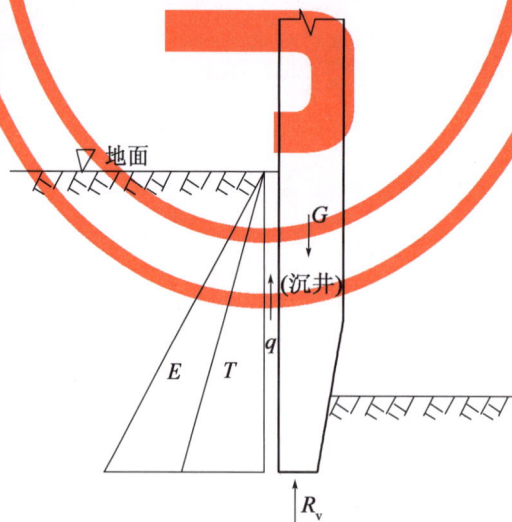

图 Q.0.2-2　井壁摩阻力 T 及刃脚下土的反力 R_v

　1　假定刃脚内侧切入土中 1m，并考虑沉井在地面以上或水面以上还露出一定高度或井壁全部浇筑完成后具有外露高度。

　2　沿刃脚周边水平方向取单位宽度，并按本规范附录 P 的规定计算作用在刃脚上

的侧土压力 E'_1、E'_2、E' 和水压力 W'_1、W'_2、W'。

3　作用在刃脚外侧的侧土压力和水压力的总和大于静水压力的 70% 时取 70% 的静水压力。

4　沿井壁单位周长上沉井侧面的总摩阻力按下列公式计算，并取其中较小值。

$$T = \mu \cdot E \qquad (Q.0.2\text{-}1)$$

$$T = q \cdot A \qquad (Q.0.2\text{-}2)$$

式中：T——沿井壁单位周长上沉井侧面的总摩阻力（kN/m）；

　　　μ——摩擦系数，$\mu = \tan\varphi$；

　　　φ——土的内摩擦角，一般取 $\tan\varphi = 0.5$；

　　　q——土与井壁间的单位摩阻力（kPa），按本规范表 7.3.2 选用；

　　　A——沉井侧面与土接触的单位宽度上的总面积（m²），$A = 1 \times h = h$（h 为沉井高度，以 m 计）；

　　　E——作用在井壁上每米宽度的总土压力（kN/m）。

5　刃脚底单位周长上土的竖向反力 R_v 按下式计算：

$$R_v = G - T \qquad (Q.0.2\text{-}3)$$

式中：G——沿沉井外壁单位周长上的沉井重力（kN/m），其值等于该高度沉井的总重除以沉井的周长；在不排水挖土下沉时，应在沉井总重中扣去淹没水中部分的浮力。

6　R_v 的作用点按下列规定计算（图 Q.0.2-3）：

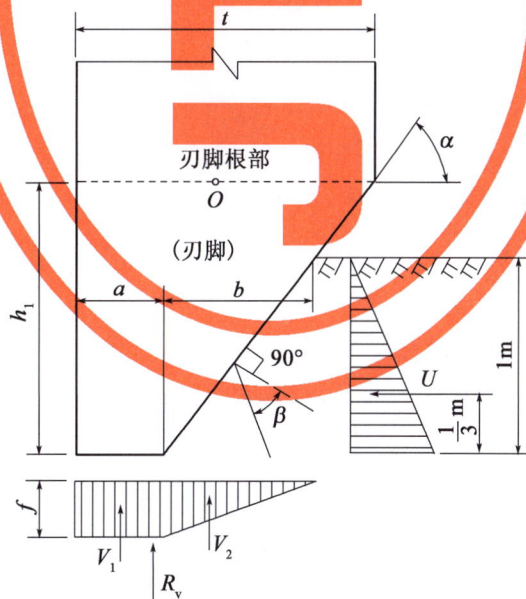

图 Q.0.2-3　刃脚下 R_v 的作用点计算

1）假定作用在刃脚斜面上的土反力的方向与斜面的法线成 β 角，并按三角形分布，β 为土反力与刃脚斜面间的外摩擦角（一般取 $\beta = 30°$）。

2）作用在刃脚斜面上的土反力的垂直分力 V_2 按式（Q.0.2-4）计算，作用点距刃

脚外壁的距离为 $a + \dfrac{b}{3}$。

$$V_2 = \frac{b}{2a + b} \cdot R_v \tag{Q.0.2-4}$$

式中：a——刃脚踏面底宽（m）；

b——刃脚入土斜面的水平投影（m），$b = \cot\alpha$，α 为刃脚斜面与水平面所成的夹角。

3）作用在刃脚底面的垂直反力 V_1 按式（Q.0.2-5）计算，作用点距刃脚外壁的距离为 $\dfrac{a}{2}$。

$$V_1 = R_v - V_2 \tag{Q.0.2-5}$$

7 作用在刃脚斜面上的水平分力 U 按下式计算，其作用点在距刃脚底面 $\dfrac{1}{3}$ m 高处。

$$U = V_2 \tan(\alpha - \beta) \tag{Q.0.2-6}$$

8 刃脚重力 g 按下式计算：

$$g = \gamma_h \cdot h_1 \frac{t + a}{2} \tag{Q.0.2-7}$$

式中：γ_h——混凝土重度（kN/m³），若不排水下沉，应扣除水的浮力；

h_1——刃脚斜面的高度（m）。

9 作用在刃脚外侧的摩阻力 T'，可取下列公式计算值的较大值。

$$T' = \mu \cdot E' \tag{Q.0.2-8}$$
$$T' = q \cdot A' \tag{Q.0.2-9}$$

式中：A'——刃脚外侧面与土接触的单位宽度上的总面积（m²），$A' = 1 \times h_1 = h_1$；

E'——作用在刃脚高度范围内每米宽度的总土压力（kN/m）。

10 作用在刃脚悬臂梁侧面上的水平力为刃脚上的最大水平力乘以分配系数 α，其值按本规范第 Q.0.5 条计算。

Q.0.3 刃脚作为向内弯曲的悬臂梁进行承载能力验算时，其作用力可按下列规定计算：

1 沿刃脚周边水平方向取单位宽度，并假定沉井沉到设计高程，且刃脚下的土已挖空，如图 Q.0.3 所示。

2 刃脚外侧的土压力和水压力可按本规范附录 P 的规定计算。

3 当不排水下沉时，井壁外侧水压力按 100% 计算，井内水压力一般按 50% 计算，也可按施工中可能出现的水头差计算；当排水下沉时，在透水土中，外侧水压力可按静水压力的 70% 计算。

4 作用在井壁外侧的摩阻力 T'' 按式（Q.0.2-8）式（Q.0.2-9）计算，并取其中较小值。

5 刃脚重力 g 按式（Q.0.2-7）计算。

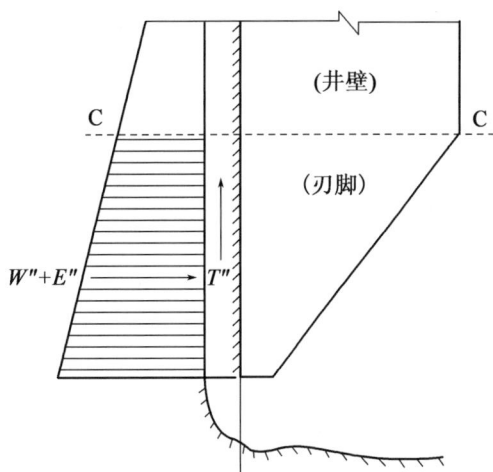

图 Q.0.3　刃脚向内弯曲

Q.0.4　刃脚作为水平框架计算其水平方向的承载能力验算时，其受力计算可按下列规定进行（图 Q.0.4）：

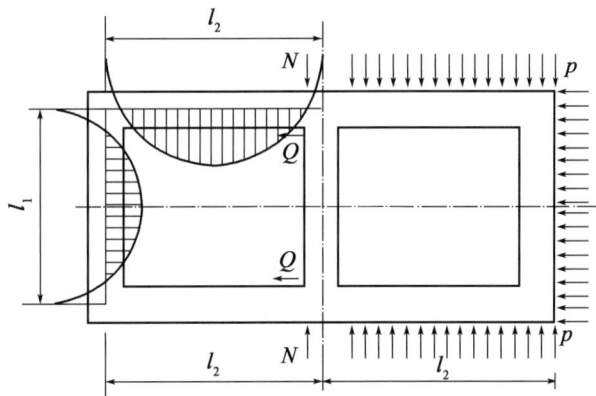

图 Q.0.4　矩形沉井刃脚上的水平框架

1　假定沉井下沉到设计高程，刃脚下的土已被掏空，沿刃脚上沿竖直方向截取单位高度形成水平框架结构。

2　作用在水平框架上的作用力计算同本规范第 Q.0.3 条；必要时，根据施工情况考虑框架内向外的水平作用力。

3　作用在水平框架全周上的最终均布荷载为刃脚上的最大水平力乘以分配系数 β，其值按本规范第 Q.0.5 条计算。

Q.0.5　对于矩形沉井，沉井刃脚上水平作用力的分配系数可按下列近似方法计算：

1　刃脚沿竖向视为悬臂梁，其悬臂长度应等于斜面部分的高度。当内隔墙的底面距刃脚底面为 0.5m 或大于 0.5m 而采用竖向承托加强时，作用于悬臂部分的水平力可乘以分配系数 α。

$$\alpha = \frac{0.1l_1^4}{h_1^4 + 0.05l_1^4} \leqslant 1.0 \qquad (\text{Q}.0.5\text{-}1)$$

式中：l_1——支承在内隔墙间的外壁最大计算跨径（m）；

$\quad\quad h_1$——刃脚斜面部分的高度（m）。

　　2　刃脚水平方向可视为闭合框架，当刃脚悬臂的水平力乘以分配系数 α 时，作用于框架的水平力可乘以分配系数 β。

$$\beta = \frac{h_1^4}{h_1^4 + 0.05l_2^4} \qquad (\text{Q}.0.5\text{-}2)$$

式中：l_2——支承在内隔墙间的外壁最小计算跨径（m）；

$\quad\quad h_1$——刃脚斜面部分的高度（m）。

附录 R　按支护结构与土体相互作用原理的水平土压力计算

R. 0. 1　当按变形控制原则设计支护结构时，作用在地下连续墙上的土压力可按墙体与土体相互作用原理确定。考虑墙体水平变形对墙侧水平土压力的影响，水平土压力强度可按下列公式计算：

$$E_{jk} = E_{0k} - K\delta \qquad (R. 0. 1\text{-}1)$$

$$E_{0k} = K_0(q_k + \sum \gamma_i h_i) \qquad (R. 0. 1\text{-}2)$$

$$K = mz \qquad (R. 0. 1\text{-}3)$$

式中：E_{jk}——墙侧水平土压力强度（kPa），当 $E_{jk} < E_a$ 时，取 $E_{jk} = E_a$；当 $E_{jk} > E_p$ 时，取 $E_{jk} = E_p$（其中，E_a、E_p 分别为墙侧水平主动土压力强度和被动土压力强度，包括土体自重和墙侧地面荷载的作用效应，可按库仑或朗金土压力理论计算）；

E_{0k}——墙侧水平静止土压力强度（kPa）；

$\quad K$——墙侧土的水平地基反力系数（kN/m³），宜由现场试验确定，或按可靠方法计算或按经验取值；当缺乏可靠方法或经验时，可按式（R. 0. 1-3）计算；

$\quad m$——水平地基反力系数随深度增大的比例系数（kN/m⁴），宜通过水平荷载试验确定，或根据经验取值；

$\quad \delta$——墙体的水平变形量（m），朝向土压力方向的变形为正，背向土压力方向的变形为负；

$\quad K_0$——静止土压力系数，对正常固结土，$K_0 = 1 - \sin\varphi_k'$；对超固结土，$K_0 = \sqrt{1 - \sin\varphi_k'}$；$\varphi_k'$ 为计算点处土层的有效内摩擦角（°）；

$\quad q_k$——作用在地面上的竖向均布荷载（kPa）；

$\quad \gamma_i$——计算面以上第 i 层土的重度（kN/m³）；

$\quad h_i$——计算面以上第 i 层土的厚度（m）；

$\quad z$——计算点距墙侧地面的深度（m）。

附录 S 直线形地下连续墙支护结构计算

S.0.1 直线形地下连续墙支护结构采用竖向弹性地基梁法计算时，墙体的内力和变形可采用杆系有限元法计算，其计算图式见图 S.0.1。

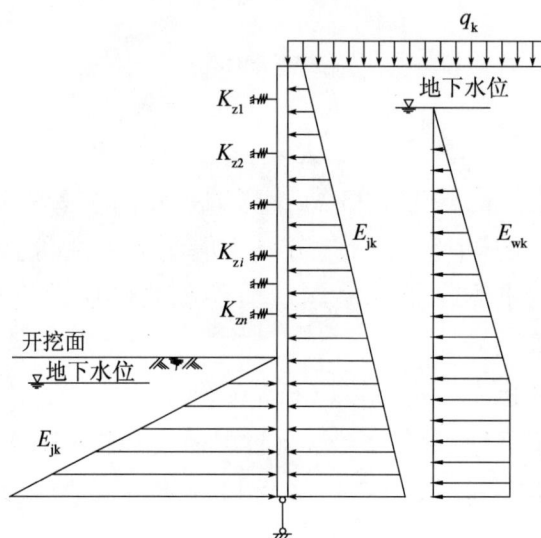

图 S.0.1 直线形地下连续墙支护结构的计算图式

图中：

K_{z1}，K_{z2}⋯K_{zi}⋯K_{zn}——撑杆、水平支架、土层锚杆或锚索等支承的弹性系数；

q_k——作用在地面上的竖向均布荷载（kPa）；

E_{jk}——墙侧水平土压力强度（kPa），按式（R.0.1-1）计算；

E_{wk}——采用水土分算时，墙侧水压力强度（kPa），水压力可按静水压力计算；有经验时，也可考虑渗流作用对水压力的影响。

附录 T 圆形地下连续墙支护结构计算

T. 0. 1 圆形地下连续墙支护结构采用竖向弹性地基梁法计算时，墙体的内力和变形可采用杆系有限元法计算，其计算简图如图 T. 0. 1 所示。

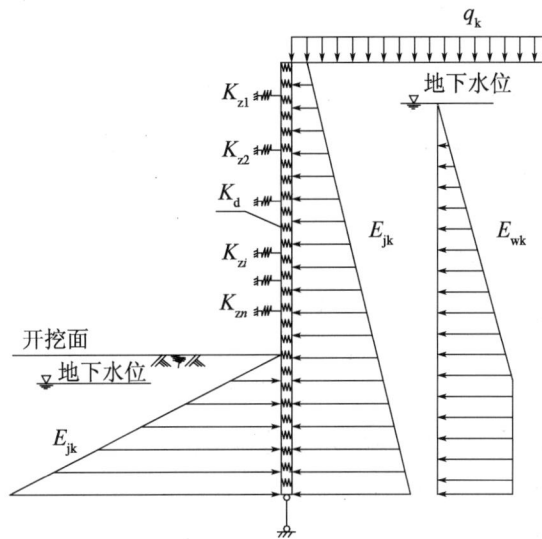

图 T. 0. 1 圆形地下连续墙支护结构的计算图式

图中：

K_{z1}，$K_{z2}\cdots K_{zi}\cdots K_{zn}$——内环梁或内衬等支承的弹性系数，按式（T. 0. 2）计算；

$\qquad K_d$——墙体沿深度方向的等效分布弹性系数，按式（T. 0. 3）计算；

$\qquad q_k$——作用在地面上的竖向均布荷载（kPa）；

$\qquad E_{jk}$——墙侧水平土压力强度（kPa），按式（R. 0. 1-1）计算；

$\qquad E_{wk}$——采用水土分算时，墙侧水压力强度（kPa），水压力可按静水压力计算；有经验时，也可考虑渗流作用对水压力的影响。

T. 0. 2 当圆形地下连续墙支护结构利用内环梁或内衬作支承时，可将内环梁或内衬的作用以等效弹性支承来替代，如图 T. 0. 2-1、图 T. 0. 2-2 所示。单位宽度墙体上的内环梁或内衬的等效弹性系数可按下式计算：

$$K_z = \frac{E_z A_z}{R_z^2} \qquad\qquad (T. 0. 2)$$

式中：K_z——单位宽度墙体上的内环梁或内衬的等效弹性系数（kN/m）；

      E_z——内环梁或内衬材料的弹性模量（kN/m²）；

      A_z——一道内环梁或内衬的有效截面面积（m²），应考虑施工偏差的影响；

      R_z——内环梁或内衬截面中心线半径（m）。

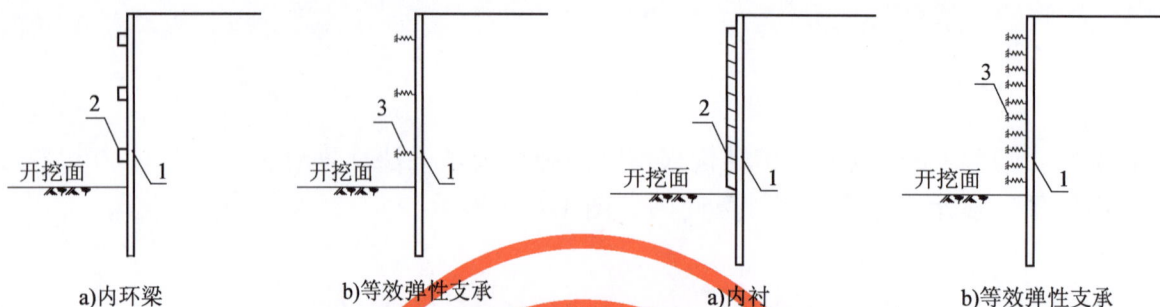

a)内环梁 b)等效弹性支承 a)内衬 b)等效弹性支承

图 T.0.2-1　内环梁等效弹性支承示意图　　　图 T.0.2-2　内衬等效弹性支承示意图

1-地下连续墙墙体；2-内环梁；3-等效弹性支承　　1-地下连续墙墙体；2-内衬；3-等效弹性支承

T.0.3　圆形地下连续墙墙体的环向效应可采用沿深度分布的弹性支承来替代，如图 T.0.1 所示。单位宽度地下连续墙墙体的等效分布弹性系数可按下式计算：

$$K_d = \alpha \frac{Ed}{R_0^2} \tag{T.0.3}$$

式中：K_d——单位宽度地下连续墙墙体的等效分布弹性系数（kN/m²）；

     E——地下连续墙墙体材料的弹性模量（kN/m²）；

     d——地下连续墙墙体有效厚度（m），应考虑施工偏差的影响；

     R_0——地下连续墙墙体中心线半径（m）；

     α——修正系数，应根据工程具体情况研究采用。当缺乏实践经验时，可取 $\alpha =$ 0.4～0.7；当 R_0 较大或槽段数较多时，取小值。

本规范用词用语说明

1 本规范执行严格程度的用词，采用下列写法：

1）表示很严格，非这样做不可的用词，正面词采用"必须"，反面词采用"严禁"；

2）表示严格，在正常情况下均应这样做的用词，正面词采用"应"，反面词采用"不应"或"不得"；

3）表示允许稍有选择，在条件许可时首先应这样做的用词，正面词采用"宜"，反面词采用"不宜"；

4）表示有选择，在一定条件下可以这样做的用词，采用"可"。

2 引用标准的用语采用下列写法：

1）在标准总则中表述与相关标准的关系时，采用"除应符合本规范的规定外，尚应符合国家和行业现行有关标准的规定"。

2）在标准条文及其他规定中，当引用的标准为国家标准和行业标准时，表述为"应符合《×××××××》（×××）的有关规定"。

3）当引用本标准中的其他规定时，表述为"应符合本规范第×章的有关规定"、"应符合本规范第×.×节的有关规定"、"应符合本规范第×.×.×条的有关规定"或"应按本规范第×.×.×条的有关规定执行"。

附件

《公路桥涵地基与基础设计规范》

（JTG 3363—2019）

条 文 说 明

1 总则

1.0.1 本规范是对《公路桥涵地基与基础设计规范》（JTG D63—2007）（简称"2007版规范"）进行修订而成。在修订期间通过总结实践经验并吸取国内外研究成果，对2007版规范作出了多项修改和补充，使之更符合本条的要求。

1.0.3~1.0.4 地基土的性质极为复杂，在同一地基内土的力学指标常有很大差异，加上诸多暗藏和明露的不良地质条件，加之我国土地辽阔、土质各异，地基与基础的设计特别需要强调因地制宜的原则。桥梁基础是江、河、湖、海中重要而庞大的工程，需要大量的土石方和混凝土材料，且基础施工大多需进行围水或水中作业，难度和工作量较大，因此，设计人员必须切实地掌握具体工程的地质情况，合理地选择方案，避免因情况不明或方案有误而造成事故。此外，基础工程与水密切相关，设计方案需要结合实际情况，避免大挖大填，防止水资源受到污染。

桥梁基础类型一般需要根据本条提出的建设条件，进行合理地选择。如遇复杂情况，还要对天然条件进行局部改造，或拟订不同方案、作出技术和经济等方面的比较后优选。

1.0.5 工程地质情况不但对选择基础方案和事后的设计具有重要意义，而且也影响桥型方案的正确选择。当在桥址处存在断层或岩溶，不均匀地层内埋有局部软弱土层以及在起伏不平或倾斜岩层的地基上修建基础时，更需特别加强工程地质的勘探工作。

1.0.6 结构耐久性问题已引起人们的关注。基础结构的耐久性不仅受材料（如混凝土和钢筋混凝土）本身所含有害物质的影响，也受基础结构所处位置的气、水、土等自然环境的影响。因此，基础结构需按不同环境进行耐久性设计。

2 术语和符号

本章仅列出了本规范中出现的且需要明确定义的术语。对于桥梁专业性的通用术语和在条文中已阐明的术语，本章均不再列出。

本次修订删除了 2007 版规范中安全等级、作用短期效应组合、作用长期效应组合、承载力容许值等术语；根据条文修订增加了地基承载力特征值、浅基础和挤扩支盘桩术语。

术语的解释大部分只是概括性含义，术语的英文名称并非标准化名称，仅供引用时参考。

本章符号按地基抗力及材料性能、作用和作用效应、几何参数、计算系数及其他共四部分分别列出，这些符号的主体符号是按现行国家标准的规定采用的；现行国家标准没有规定的，则采用 2007 版规范规定的或习惯采用的符号。本规范应用的符号没有被全部列出，本章只列出一些主要的符号。

3 基本规定

3.0.7 本条规定的地基承载力抗力系数 γ_R 按受荷情况和受荷阶段确定。

由于地基承载力的重要性，一般情况下抗力系数取 1.0，在有把握的情况下适当提高。2007 版规范对可以提高的情况用"应"，本版规范修改为"可"，即是否提高地基承载力抗力系数由设计者根据具体情况确定。

使用阶段地基承受的作用组合按本规范第 3.0.6 条规定采用。其中作用频遇组合等效于 2007 版规范的作用短期效应组合，其含义为可能同时出现且对地基承载力不利的所有永久作用和可变作用产生的作用组合效应。由于这些作用的频遇值系数均取 1.0，即取最大值，而且各种作用组合时并未考虑同时出现的概率大小，按这样的组合计算的地基承载力必然比实际产生的承载力要大。因此，地基承载力特征值 f_a 需要乘以大于 1.0 的抗力系数。

但如果作用组合仅包括结构自重、预加力、土重、土侧压力、汽车和人群这些直接施加于结构的作用，则按此计算的基底压应力分布接近于矩形，地基承载力与实际也较相近，f_a 也无须再乘以 γ_R，即令 $\gamma_R = 1.0$。

作用偶然组合等效于 2007 版规范的作用效应偶然组合，其中偶然作用是瞬时产生的，产生的概率也很小，尽管有时可能使基底产生较大的压应力，压应力分布为梯形，但体现在基底一侧的最大压应力是局部的、暂时的。按照本规范以往各版本的规定，这种工况下的承载力特征值也考虑乘以抗力系数 $\gamma_R = 1.25$。

施工阶段地基受荷是短暂的，与使用阶段相比，施工阶段一般取较高的抗力系数，本规范沿用 2007 版规范的数值。

3.0.8 计算基础沉降要考虑地基变形特性。由于地基土是大变形材料，具有长期的时间效应，因此基础沉降需按正常使用极限状态下作用准永久组合进行计算。所谓作用准永久组合，按照现行《公路工程结构可靠度设计统一标准》（GB/T 50283）的规定，为永久作用标准值与可变作用准永久值的组合。85 规范的基础沉降是按结构自重（包括土重）作用计算的，2007 版规范取作用长期效应组合。本规范沿用 2007 版规范的规定，取作用准永久组合，其中永久作用标准值仅指结构自重、土重、土侧压力、浮力标准值；可变作用准永久值仅指汽车荷载准永久值和人群荷载准永久值。根据调查统计表明，本规范采用的作用组合效应，在桥梁上出现的概率较大，持续的时间较长，对基础沉降有较大影响，相对比较合理。

3.0.9 基础结构的稳定性验算是承载能力极限状态设计的内容之一，基本思想是将基础视为刚体，使其保持静力平衡并具有一定的稳定系数。平衡作用效应和不平衡作用效应取标准值组合，作用组合效应表达式中的各项系数均取为 1.0。在计算中，需要考虑作用的最不利组合效应。对使结构失稳的同向且可能同时出现的可变作用都需考虑；而使结构稳定的同向但有可能不同时出现的可变作用效应，则选用其中的主导作用，其他可变作用不予组合，以使稳定作用效应最小。

4 地基岩土分类、工程特性与地基承载力

4.1 地基岩土分类

4.1.1 岩土的分类包括地质分类和工程分类。地质分类主要根据其地质成因、矿物成分、结构构造和风化程度，可以用地质名称（即岩石学名称）加风化程度表达，如强风化花岗岩、微风化砂岩等，这对于工程的勘察设计是十分必要的。工程分类主要根据岩体的工程性状，使工程师建立起明确的工程特性概念。地质分类是一种基本分类，工程分类要在地质分类的基础上进行，目的是较好地概括其工程性质，便于进行工程评价。

4.1.2 岩石坚硬程度分类旨在确定地基承载力，30MPa 以上岩石的地基承载力已经不再取决于岩石的强度，但是为了与其他规范岩土分类相适应，本规范仍分为两类。对于 30MPa 以下的岩石，岩石强度对地基承载力的影响显著，需要作更为细致的分类。划分出极软岩十分重要，因为这类岩石不仅极软，而且常有特殊的工程性质，例如某些泥岩具有很高的膨胀性；泥质砂岩、全风化花岗岩等有很强的软化性（单轴饱和抗压强度可等于 0）；有的第三纪砂岩遇水崩解，具有流砂性质。对于遇水崩解不能进行饱和抗压强度试验的岩石，一般采用定性方法确定其分级。

4.1.4 软化岩石浸水后，其承载力会显著降低，要引起重视。软化系数，即饱和试样与干燥试样的抗压强度之比，以软化系数 0.75 为界限，该值是借鉴国内外相关规范和数十年工程经验确定的。

4.1.5 根据设计经验，$f_{rk} > 30MPa$ 的岩石承载力已不受岩石强度控制，而是受岩体完整程度控制。对于岩石地基，需要特别注意软岩、极软岩、破碎和极破碎的岩石以及基本质量等级为 V 级的岩石。对可取原状试样的几类岩石，考虑用土工试验方法测定其性状和物理力学性质。当岩体完整程度为极破碎时，不进行坚硬程度分类。

4.1.6 《公路桥涵地基与基础设计规范》（JTJ 024—85）（简称"85 规范"）采用岩石破碎程度和岩石坚硬程度确定岩石地基的承载力，本次修订对这一方法仍予以保留，供工程人员参考，并延续 2007 版规范，将 85 规范岩石破碎程度改为节理发育程度。

4.1.7 石膏、岩盐等易溶性岩石、膨胀性泥岩、湿陷性砂岩等，性质特殊，对工程有较大危害，需要作专门研究，故本规范将其专门列出。

4.1.9 重型动力触探的应用已经普及，因此采用重型动力触探确定碎石土密实度。锤击数 $N_{63.5}$ 不适用于"很密"的碎石土，故分四档，将"很密实"的碎石土归到"密实"中；野外鉴别方法仍有现实价值，但鉴别结果往往因人而异，很难维持客观，故只能粗略一些，分为三档（附录 A.0.2）。所以，野外鉴别的"密实"和"很密"相当于用动力触探鉴别的"密实"，动力触探鉴别的"稍密"和"松散"相当于野外鉴别的"松散"。由于这两种鉴别方法所得结果不一定一致，故勘察报告中需交代鉴别依据的是"野外鉴别"还是"重型动力触探"。

4.1.10 85 规范中的砂土分类在筛孔尺寸、颗粒含量上略有不同，但是差别不大，所以 2007 版规范中直接采用国标分类方法也不会造成太大变化，本规范未做改变。

4.1.11 85 规范中采用的标准贯入实测平均锤击分级击数与国标有差别，在"松散"等级中又划分"稍松"和"极松"，但在实用中几乎没有用到，因此 2007 版规范中不再对"松散"进行划分。对于标准贯入的杆长修正，有杆长修正说和杆长不修正说。本规范不做修正。

4.1.12 ~ 4.1.14 粉土与黏性土在土质、工程性质方面均具有较大的差别，因此需将粉土与黏性土区分开来。采用塑性指数 I_p 小于 10 还是大于 10 来区分粉土和黏性土是国内外及相关行业规范通用的方法，但对于液塑限的试验方法有一定的区别。对于液限，国外一般采用卡式碟式液限仪测定，《岩土工程勘察规范》（GB 50021—2001）、《建筑地基基础设计规范》（GB 50007—2011）、《铁路桥涵地基和基础设计规范》（TB 10002.5—2005）、85 规范等均采用质量为 76g 的平衡锥，相应的入土深度 $h_L = 10mm$。《土的分类标准》（GBJ 145—90）则采用质量为 76g 的平衡锥测定土的液限，对于相应的入土深度 $h_L = 17mm$ 称为 17mm 液限，对于相应的入土深度 $h_L = 10mm$ 称为 10mm 液限。《公路土工试验规程》（JTJ 051—93）采用质量为 100g 的平衡锥，相应的入土深度 $h_L = 20mm$。对于塑限，国内大多采用 76g 的平衡锥法，相应的入土深度 $h_p = 2mm$。只有《公路土工试验规程》（JTJ 051—93）根据 w_L 测定结果按回归公式确定入土深度 h_p，然后在试验所得的锥入深度-含水率关系图中找出 h_p 对应的含水率 w_p。

不同的试验方法得到的结果必然有一定的差别，而各规范分别采用不同的试验方法不利于相关行业资料和工程经验共享，更给勘察单位对土的分类和工程性质的确定带来了不便，因此有不少单位和文献指出，各规范需要采用统一的试验方法。

在各种试验方法的选择上，《岩土工程勘察规范》（GB 50021—2001）采用质量为 76g 的平衡锥，相应的入土深度 $h_L = 10mm$ 来测定土的液限。另外建筑行业、铁路行业相关标准及 85 规范均采用这种方法，但是这种方法测试的结果与液限基本定义差别较其他方法更大：液限的定义是土体介于液态和可塑态时的含水率，土体在液限状态的抗剪强度介于有和无之间。因此液限所对应的土体抗剪强度尽可能趋于0。根据试验比对，采用碟式液限仪、76g 锥入土深度 17mm、100g 锥入土深度 20mm 测量处于液限状态的土体，其抗剪强度均在 1.9kPa 左右，只有 76g 锥入土深度 10mm 的土体在 5.3kPa 左右。因此，除 76g 锥入土深度 10mm 的方法外，其他方法均更接近液限基本定义。另一方面，采用 76g 锥入土深度 10mm 的方法所测 w_L 结果偏小，土体 I_L 计算结果偏大，使用该结果对土体的状态进行判断与原位测试结果存在更大偏差，如：采用该结果在试验室判断为流塑，而实际上现场判断可能为软塑。由此可知，采用 76g 锥入土深度 10mm 测试液限的方法并非最理想的。

《公路土工试验规程》（JTJ 051—93）采用质量为 100g 的平衡锥进行测定，其液限试验结果与碟式仪、76g 锥入土深度 17mm 测定结果基本一致。但是其塑限测定方法与 76g 锥差别较大，而且在地基勘察中很少采用该方法，其测试结果的偏差也很少有人关注，现阶段在地基土分类中采用上述方法尚不成熟。

综上，本规范认为采用 76g 锥入土深度 17mm 的方法测量地基土的液限、76g 锥入土深度 2mm 的方法测量塑限是比较理想的选择，但是也有专家提出，本规范第 4.3.3 条的地基承载力表都是基于 76g 锥入土深度 10mm 测量液限、76g 锥入土深度 2mm 测量塑限方法得到的，因此在 2007 版规范中开始考虑采用相应的试验方法。事实上，地基承载力表采用有限的数据得到对全国地基土承载力的推荐值，本身就不够准确，该表在地基基础设计中的作用应该逐步弱化，过渡到采用原位测试和根据当地经验确定地基承载力。为了兼顾各地区已经积累的工程经验，本规范在条文中规定采用 76g 锥的试验方法进行界限含水率测试，不对入土深度进行明文规定，但是推荐采用 76g 锥入土深度 17mm 的方法测量液限。

4.1.15 黏性土的工程性质与沉积年代有很大关系，本规范保留对黏性土沉积年代的划分。第四纪晚更新世（Q_3）及以前沉积的黏性土一般具有较高的强度和较低的压缩性。第四纪全新世（Q_4）沉积的黏性土，一般为正常沉积的黏性土。文化期以来沉积的黏性土，一般为欠固结，且强度较低。

4.1.18 在本规范中参考《公路路基设计规范》（JTG D30—2015）相应的标准进行鉴别，考虑到《公路路基设计规范》（JTG D30—2015）没有给出"黏质土"和"粉质土"的分类，因此在本规范中仅采用了《公路路基设计规范》（JTG D30—2015）中部分鉴别指标。

4.1.21 本条所指湿陷性土，是指除黄土以外在荷载作用下浸水可产生超过一定附加沉降量的天然土。本条仅仅给出湿陷性土的特征，有关判别和分类的方法参考《岩土工程勘察规范》（GB 50021—2001）。

4.2 工程特性

4.2.1 静力触探、动力触探、标准贯入试验等原位测试用于确定地基承载力，在我国已有成熟经验，可以应用，故列入本条。同时还需要注意结合室内试验成果综合分析，不能单独应用。

采用原位测试确定地基承载力的方法在国内已经积累了大量资料，但是各地区在应用原位测试确定地基承载力时，仍需在积累本地区经验的基础上进行。根据国内已有资料，在锤击次数范围较小时，动力触探锤击数与地基土地基承载力大多呈线性关系，随着锤击次数范围增大，采用二次多项式拟合效果更好。

静力触探贯入阻力与地基土地基承载力关系大多呈线性关系，故本规范推荐对动力触探锤击数与地基土地基承载力采用一次和二次多项式拟合。静力触探贯入阻力与地基土地基承载力关系大多呈线性关系，本规范采用直线方程拟合。采用原位测试确定地基承载力值需要在总结当地经验的基础上进行。经验关系式采用以下形式：

动力触探锤击数与地基土地基承载力特征值的关系见下式：

$$f_{a0} = aN + b \qquad (4-1)$$

或

$$f_{a0} = aN^2 + bN + c \qquad (4-2)$$

式中：f_{a0}——地基承载力特征值（kPa）；

　　　N——经综合修正后动力触探锤击数平均值；

　a、b、c——经验公式回归系数。

静力触探锤击数与地基土地基承载力特征值的关系见下式：

$$f_{a0} = aq_s + b \qquad (4-3)$$

$$f_{a0} = aq_c + b \qquad (4-4)$$

式中：q_c——双桥探头锥头阻力；

　　　q_s——单桥探头贯入阻力；

　a、b——经验公式回归系数。

4.2.2 工程特性指标的代表值对于地基计算至关重要。本条明确规定了代表值的选取原则。标准值取其概率分布的 0.05 分位数；地基承载力指标采用特征值。

4.2.3 载荷试验是确定岩土承载力的主要方法。载荷试验中，载荷板尺寸、加载时间间隔、沉降稳定的标准不同，试验结果就不同。采用统一的操作规程得到的试验结果才有可比性，因此本规范继续将其试验要点列入附录中。

4.2.4 土的压缩性指标是结构物沉降计算的依据。压缩模量和压缩系数是通过压缩试验确定的，但是压缩试验只能用于细颗粒土，不适用粗颗粒土。计算粗颗粒土的沉降量时需要采用现场载荷试验得到的变形模量。地基压缩试验中，为了与沉降计算的受力条件一致，室内和现场试验施加的最大压应力需超过土的有效自重应力与预计的附加应力之和，并取与实际工程相同的压应力段计算变形参数。用于对地基土进行压缩性评价的压缩系数 a_{1-2}，一般只用于不同土体对比，不用于地基沉降量计算。

4.2.5 现行《公路工程地质勘察规范》（JTG C20）对岩土指标的试验和计算分析方法有规定的，本规范不再重复。岩土参数试验结果与试样的初始状态、加载、排水条件有很大的相关性，用于设计计算的参数必须与工程中实际的加载、排水工况相符。不同岩土分析方法所依据的计算参数的试验方法可能不同，因此，一方面，设计人员进行地基计算时候需要根据参数的试验方法选择相应的计算方法；另一方面，勘察人员在勘察时还要根据桥涵地基基础计算方法的要求进行试验。以沉降计算所需的压缩模量为例，有些勘察报告对碎石土地基提出压缩模量，设计人员不假思索地用该压缩模量和分层总和法进行地基沉降计算。但是，压缩模量一般是通过单轴固结试验得到，《公路土工试验规程》（JTG E40—2007）规定，单轴固结试验适用于黏性土，在勘察中无法通过常规室内试验确定碎石土的压缩模量。那么勘察报告中的压缩模量是如何取得的呢？因此，设计计算前，设计人员需了解岩土参数值是如何得到的，是否与实际工作情况相符。本条包含了对勘察报告的要求，即勘察报告需要说明岩土参数的确定方法和试验条件，以便设计人员选择合适的计算方法。

4.3 地基承载力

4.3.1 地基设计采用正常使用极限状态，所选定的地基承载力为地基承载力特征值，这是由于土是大变形材料，当荷载增加时，随着地基变形的相应增长，地基承载力也在逐渐增大，很难界定出一个真正的极限值；另外，对桥涵结构物的使用有功能要求，常常是地基承载力还有潜力可挖，而地基的变形却已经达到或超过按正常使用的限值。

本规范要求确定地基承载力特征值的方法是采用载荷试验或其他原位测试实测得到，但是桥涵地基有时无法进行载荷试验或其他原位测试试验。本规范提供地基承载力表，通过查表得到承载力特征值的方法在目前仍有现实意义，给公路工程勘察、设计人员提供了很大帮助。因此本规范仍保留承载力表格。

本规范地基承载力特征值的基本意义与地基容许承载力是一致的。将容许值修改为特征值，主要是考虑勘察工作市场化后，将本行业的地基承载力提法与其他行业规范统一起来，便于勘察报告撰写。如果出具的是英文版的设计文件，仍可使用"allowable bearing capacity"。除了特征值与容许值提法上的差异，本规范第4.3.3条提供的地基承载力推荐表格与2007版规范相同，且都是基于85规范给出的。2007版、85规范将地基承载力称为地基容许承载力，分别用 $[f_{a0}]$ 和 $[\sigma_0]$ 表示。$[f_{a0}]$ 和 $[\sigma_0]$ 的数据是根据荷载试验与土的物理力学性质指标的资料对比及国内外有关规范和实践经验综合考虑确定的，$[f_{a0}]$ 和 $[\sigma_0]$ 的确定需同时满足强度和变形两个条件，因此可视为按正常使用极限状态确定的地基承载力。本规范修正后的地基承载力特征值 f_a 分别对应于2007版规范

"修正后的地基承载力容许值 $[f_a]$" 和85规范"考虑地基土修正后的容许承载力 $[\sigma]$"。

4.3.3 本条各款为各类土地基承载力特征值 f_{a0} 取值表。对于来自85规范的地基承载力表，本规范将85规范相应的条文说明继续摘录在本条文说明中，便于工程技术人员理解和查阅。

与85规范相比，2007版规范的部分岩土分类方法有所变化，因此部分地基承载力基本容许值表也有所调整，本规范延续了2007版规范的调整之处。本次修订增加了"工程经验"作为确定地基承载力的依据之一，要求利用表格确定地基承载力必须结合工程经验进行。

1 岩石地基承载力

岩石地基承载力与岩石的成因、构造、矿物成分、形成年代、裂隙发育程度和水浸湿影响等因素有关。各种因素影响程度视具体情况而异，通常主要取决于岩块强度和岩体破碎程度这两个方面。新鲜完整的岩体主要取决于岩块强度；受构造作用和风化作用的岩体，岩块强度低、破碎性增加，则其承载力不仅与强度有关，而且与破碎程度有关。因此，将岩石地基按岩石强度分类，再以岩体破碎程度分级，既明确又能反映客观实际。本规范岩石地基承载力容许值表主要来源于85规范，使用时需要注意以下几点：

（1）根据岩石强度和岩体的破碎程度确定岩石地基的承载力时，85规范的 $[\sigma_0]$ 值是根据72份荷载试验（按比例界限作为编制表4.3.3-1的依据），并参考国内外有关规范和建筑经验得出。

（2）由于没有足够的试验资料，水对岩石承载力的影响不能给出准确数值，现场遇到此种情况时，根据具体研究确定。如遇易风化的岩石作为地基时，需特别注意施工后水文地质条件可能发生的变化，慎重选择 f_{a0} 值。必要时，通过荷载试验确定。

（3）岩体已风化成土、砂或砾石时，可以按残积土或砂土类比照确定地基承载力特征值。但对近期风化残积的砂、砾，因尚与母岩体保持一定的联系，颗粒间具有凝结力（或胶结力），其承载力特征值可以比照相应的土类适当提高些。

（4）采用岩石地基承载力表取值，需要视岩块强度、厚度、裂隙发育程度等因素适当选用表中数值。易软化的岩石及极软岩受水浸泡时，最好用较低值。

（5）对于 f_{rk} 大于30MPa的软化岩石，其地基承载力需要根据实际情况综合确定，不能直接套用表格中坚硬岩和较硬岩的数据。

2 碎石土地基承载力

碎石土容许承载力的确定，以荷载试验为主要依据。由于大部分碎石土压缩性较低，基础沉降量小，完成沉降过程较快，因此变形不是主要控制因素。85规范的容许承载力 $[\sigma_0]$ 以比例界限或荷载的1/3确定。

表4.3.3-2中 f_{a0} 值的范围是85规范根据196份荷载试验资料中内容较全的151份经归纳、分析、对比后确定的。在这些试验资料中，碎石与砾石的承载力很接近，而与卵石有较大差异。考虑到颗粒的粒径大小及含量，圆砾和角砾承载力较一致，故碎石与卵石之间承载力的变化应该是协调的。参照回归分析结果，本规范对数值进行了个别调

整，并补充了缺乏试验资料的要求，未加宽度、深度修正。

影响碎石土地基承载力的因素很多，主要有颗粒大小、碎石含量、密实度、岩石成因、岩性和充填物性质等。如颗粒的粒径越大、含量越高，承载力就越大。在影响碎石土承载力的各因素中，密实程度是个共性指标。因此，根据土的名称，按密实程度指标制定较为合理。在某些情况下，如在表4.3.3-2注1中加以说明的情况，适当降低其承载力。同时，为了区别老地层与较新地层的承载力，将半胶结的碎石土的承载力酌情提高10%～30%。

对漂石、块石的 f_{a0} 值，由于缺乏试验资料未予列入，可以参照卵石、碎石的承载力适当提高，具体提高幅度参考当地经验确定。

表4.3.3-2中，"松散"一栏的数值是根据个别地区（四川德阳、甘肃白银等地）的荷载试验资料提出的。虽资料不多，但能满足一般小桥涵设计的要求，故作为一栏列出数值。对于85规范中"中密"～"松散"之间的地基承载力不连续情况，通过增加的"稍密"一级使其完整。

3 砂土地基承载力

砂土地基基本承载力表是85规范依据73份荷载试验资料进行归并确定的，由于荷载试验的代表性差，绝大部分试验没有做到极限荷载，而且还有部分资料不全，故未能得出较好的归并成果。但根据目前国内各地砂类土承载力经验数值，并结合几十年来的实践经验，表列数值基本是可行的。

本次修订主要是针对密实度分级变化的。由于密实度的标准贯入试验资料不足，因此需依赖静力触探资料确定其密实度，而后把其承载力平均值与本规范中的数值进行对比分析，最后确定修订后的稍密和中密砂类土承载力。

4 粉土地基承载力

粉土地基承载力推荐值参考了《建筑地基基础设计规范》（GBJ 7—89）和《铁路工程地质勘察规范》（TB 10012—2001）。资料来自北京、青海、湖北、江苏、山东、浙江、天津、河北、河南、黑龙江、四川、陕西以及新疆等省、自治区、直辖市。资料中饱和度大于90%者占36%。

统计计算采用多种方法，既有逐步回归又有选定自变量组合的二元回归，也有取单指标 e 的统计分析。自变量选取如下：表现土质特征的为塑性指数 I_p、液限 w_L；土的密度指标为天然孔隙比 e；土的状态指标为液性指数 I_L、含水比 a_w；此外，天然含水率 w 是一个既能体现状态又能在一定程度上反映饱和土密实度的指标，也纳入考虑。

通过分析选用天然孔隙比 e 与天然含水率 w 为自变量。该式写为：

$$f_{a0} = 148.6 e^{-1.692} \times w^{-0.1912} \tag{4-5}$$

式中：f_{a0}——地基承载力特征值（kPa）。

复相关系数 $R = 0.785$，剩余方差 $\sigma = 0.0944$。实际建表时，式（4-5）中考虑 σ 的误差，取概率为85%，对表的数值进行了调整。

5 老黏性土地基承载力

老黏性土在试验的可能加载范围内沉降量很小，如用物理指标确定地基承载力则很不合理，因为物理指标很难反映老黏性土的结构强度。在力学指标中，内摩擦角 φ 黏聚力 c 资料很不齐全，又多未注明剪切试验方法，无法直接引用室内压缩模量 E_s。将 53 份资料统计后得到式（4-6），其相关系数 $R=0.52$，用式（4-6）计算出表 4.3.3-5 的值。

$$f_{a0}=308.9+79E_s \tag{4-6}$$

式中：E_s——压缩模量（MPa）。

对于 $E_s<10$MPa 的老黏性土，因缺少资料，式（4-6）不适用，可以按一般黏性土考虑。

6 一般黏性土地基承载力

85 规范对一般黏性土的地基承载力特征值数据进行统计时考虑了塑性指数 I_p、液限 w_L、天然含水率 w 和天然孔隙比 e 等，经过多种分组比较，最后选用液性指数 I_L 和天然孔隙比 e 作为制表依据。表 4.3.3-6 是在选用回归方程计算值的基础上，加了深度修正值 $k_2\gamma_2h$（其中 k_2 按本规范表 4.3.4 选取，$\gamma_2=15$kN/m³，$h=1.5$m）并根据过去的经验调整了个别数值后编制而成。对 $I_L\geqslant1$ 的各列及 $e=1.1$ 的一行，没有增加深度修正值，以减少统计中可能造成的不安全因素。

鉴于表 4.3.3-6 的适用范围有限，即物性指标超出该范围无法使用，故又采用压缩模量 E_s 建立公式，并列于表 4.3.3-6 下注 2 作为补充。

7 新近沉积黏性土地基承载力

由于缺少资料，表 4.3.3-7 直接采用《工业与民用建筑地基基础设计规范》（TJ 7-74）附录三附表 5 的数值。

4.3.4 式（4.3.4）是基于浅基础的地基理论概念建立的，把 f_{a0} 与宽度、深度修正分开，在力学概念上也比较清楚。f_a、f_{a0} 均以 kPa 为单位，量纲也是统一的；k_1 和 k_2 是无量纲系数。

（1）黏性土地基的宽度和深度修正。

①基底宽度修正系数 k_1。

本规范对各种黏性土的地基承载力特征值 f_{a0} 均不考虑基础宽度修正，即 $k_1=0$，这是因为地基受压后，黏土和黄土地基的后期沉降量较大，基础越宽，沉降也越大，这对桥涵的正常运营是不利的。从荷载沉降曲线上确定 f_{a0} 时，大多数是根据荷载板相对下沉 2% 确定。宽度增加时，黏土和黄土的 k_1 为 0，可以保证基础不致产生过大的沉降。

②基底深度修正系数 k_2。

对于深度修正的有效深度的考虑，1975 年《公路桥涵设计规范（试行）》考虑到一般桥梁基础埋置较深，而且一般黏性土承载力已考虑了 1.5m 的深度修正，将公式中的有效深度确定为 $(h-3)$m。同时，此公式是按浅基础概念导出的，只适用于相对埋深 $h/b\leqslant4$ 的情况，若 h/b 大于 4 时，需另作考虑。但根据现有国内外资料，当 h/b 继续增大时，深度的影响还是存在的，当 h/b 超过 10 时，深度对 f_a 的影响就变得很小。为安全起见，相对埋深仍限制为 $h/b\leqslant4$。基底埋置深度一般从天然地面起算或一般冲刷线起算。位于挖方内的基础以及在基础两侧均有填土的基础，根据具体情况具体分析。如果挖方面积较大，原地面线至挖方高度的土体不能对基础两侧的土体可能出现的隆起破坏起到限制作用，则基底埋置深度自开挖后地面起算；而对基础侧面有填土的情况，如果基础两侧均填土，填土的超载作用能够对基础两侧的土体可能出现的隆起破坏起到限制作用，则基底埋置深度可以从填土面起算；其他情况需要具体分析，按不利情况考虑。

黏性土的基底深度修正系数 k_2 参照 1975 年《公路桥涵设计规范（试行）》的数值和国内外资料，取用低值，当 $I_L < 0.5$ 时，$k_2 = 2.5$；当 $I_L \geq 0.5$ 时，$k_2 = 1.5$。

新近沉积黏性土一般为次固结，且强度较低，取 $k_2 = 1$。

（2）粉土地基土的宽度、深度修正系数。

85 规范没有区分黏性土和粉土，2007 版规范中将其区分开来。粉土具有一定塑性，但又同时具有某些砂类土特性，其宽度修正系数按照黏性土取 $k_1 = 0$ 是安全的。粉土的颗粒比粉砂细，深度修正系数比粉砂小，比照黏性土取 $k_2 = 1.5$。

（3）砂土、碎石土地基的宽度、深度修正系数。

砂土、碎石土地基在施工期间沉降已基本完成，后期沉降量很小，地基承载力不受沉降控制，所以基础宽度加大可以提高地基的强度，但应该进行宽度的修正。1975 年《公路桥涵设计规范（试行）》采用江苏省水利厅水利勘测队提供的各类砂土资料（未分密实度）的平均 ϕ 值：砾砂和粗砂 38.5°，细砂为 31.0°，粉砂为 27.0°。由于缺少碎石土的 ϕ 值，假定其平均值为 40.0°。

根据上述 ϕ 值，按日本国铁《土构造物设计施工规范》和联邦德国《Din4017》算出砂土和碎石土的 k_1 和 k_2 值，经与 1961 年颁布的《公路桥涵设计规范》比较后，根据经验选定。

1975 年《公路桥涵设计规范（试行）》中对中密与密实的砂土和碎石土的 k_1 和 k_2 采用相同值。85 规范修改时，根据工程地质手册，砂土采用上述 ϕ 值相当于中密状态，对密实砂就显得偏于保守；碎石土假定 ϕ 值为 40°，属密实状态，对中密碎石有时显得偏高。20 世纪 70 年代铁路地基承载力研究协作组进行了比较系统的试验研究，以统计方法分别建立了 k_1 和 k_2 计算公式，并建议采用 ϕ 角的平均值如下：砾石和粗砂为 40°；中砂为 38°；细砂为 35°；粉砂为 32°。根据此值得出 k_1 和 k_2 的统计值和建议值 [详见《地基承载力试验研究文集》（人民铁道出版社，1978 年）]。其特点是将中密和密实的修正系数分开，且仅提高了密实砂土和碎石土的 k_1 和 k_2 值。由表 4-1 可以看出，本规范的系数取值在理论和试验上都是偏于安全的。

表 4-1　各规范承载力修正系数

土的种类	系数	日本国铁《土木构造物设计施工规范》	联邦德国《Din4017》	1975 年《公路桥涵设计规范（试行）》	试验统计值（安全系数取 3）			85 规范采用值		
				中密、密实	松散	中密	密实	松散	中密	密实
卵石	k_1	15	7.8	4	4.5	7.5	10.6	1.5	3	4
	k_2	114.0	119.5	10	5.3	7.7	10.1	3	6	10

续表 4-1

土的种类	系数	日本国铁《土木构造物设计施工规范》	联邦德国《Din4017》	1975年《公路桥涵设计规范（试行）》中密、密实	试验统计值（安全系数取3）			85规范采用值		
					松散	中密	密实	松散	中密	密实
砾砂、粗砂	k_1	6.4	6.3	3			6.81	1.5	3	4
	k_2	17.0	15.2	5			24.3	2.5	5	6
中砂	k_1	2.6	4.3	2			4.78	1	2	3
	k_2	9.0	11.4	4			18.4	2	4	5.5
细砂	k_1	1.0	2.5	1.5			2.84	0.75	1.5	2
	k_2	3.3	7.5	3			12.5	1.5	3	4
粉砂	k_1	0.6	1.5	1.0			1.77	0.5	1	1.2
	k_2	2.2	5.5	2			8.77	1	2	2.5

注：碎石、圆砾、角砾因资料少未列入表中。

（4）岩石地基的承载力，原则上是可以进行宽深修正的。但如何修正是个较复杂的问题，目前尚缺少试验资料。建议对节理不发育和节理较发育的岩石不做宽度和深度修正；对节理发育或很破碎的岩石，k_1 和 k_2 可以参照碎石土的系数确定；对于岩体已风化成土、砂粒状者，可以参照砂土和黏性土的系数选用。

（5）当土在水中时，公式中的重度 γ_1 和 γ_2 是按如下原则规定的：γ_1 是基底持力层的重度，当持力层为透水土时，γ_1 为有效重度；反之，当持力层为不透水时，γ_1 为饱和重度；如果持力层难以确定是否透水或不透水时，则偏于安全考虑，γ_1 取有效重度。γ_2 一般是当作用在基底以上的超载来考虑的，当持力层透水时，在持力层面上的土不论其本身是否透水，则作用在持力层面的力，不仅有土颗粒重力，而且有孔隙中水的重力，即基底以上的土不论其透水程度，γ_2 均为饱和重度。饱和重度 γ_s、有效重度 γ_b 分别按下式计算：

$$\gamma_s = \frac{d_s + e}{1 + e}\gamma_w \tag{4-7}$$

$$\gamma_b = \gamma_s - \gamma_w \tag{4-8}$$

或

$$\gamma_b = \frac{d_s - 1}{1 + e}\gamma_w \tag{4-9}$$

式中：d_s——土粒相对密度；

γ_w——水的重度，一般取 $\gamma_w = 10\text{kN/m}^3$；

e——土的天然孔隙比。

（6）当基础地面持力层为不透水性土时，基底不受水的浮力作用，基础四周襟边上的水重力和饱和土重力，作为基底的超载看待。如基底持力层为透水性土，一般都受水的浮力作用，故不考虑水重力或仅考虑土的浮重力。但对于深水基础或土层复杂者，基底持力层的透水性能难于确定，则按荷载最不利组合决定是否考虑基底的浮力作用。

4.3.5 为了保证桥涵建筑物的安全和正常使用，软土地基的容许承载力必须同时满足稳定与变形两个方面的要求。未经处理的软土地基承载力确定方法与 85 规范相同，供不能进行载荷试验或原位测试及没有其他更可靠方法的中小桥涵地基设计采用。经排水固结方法处理的软土地基承载力基本特征值需要通过载荷试验或其他原位测试方法确定。

饱和软黏土的天然含水率与强度存在唯一的关系。土颗粒相对密度在 2.7 左右，因此含水率为 36% 时的孔隙比接近 1.0；而当含水率为 75% 时，孔隙比约为 2.0。本规范表 4.3.5 引用《建筑地基基础设计规范》（GBJ 7—89）的规定，对于确定小桥涵地基承载力是简便且适用的。

从稳定条件出发，按极限荷载确定地基承载力是目前国内外广泛使用的方法。而对于软黏土又多采用内摩擦角 $\phi = 0$ 分析法。规范引用的公式是条形基础极限荷载公式（普朗特尔、太沙基、汉森等）。对正方形、圆形或矩形基础，其承载量因 $N_c = 5.14$ 可以提高，而对于灵敏度较高的软土，C_u 值应该适当降低。结合国内大量工程实践的经验，抗力修正系数采用 1.5 ~ 2.5 是适宜的。

5 浅基础

5.1 埋置深度

5.1.1 非岩石河床墩台基底埋深安全值，按《公路工程水文勘测设计规范》（JTG C30—2015）表8.6.3规定设置。

5.1.2 直接设置在天然地基上的桥涵墩台基底的埋置深度，需要根据地基土的性质、冻胀、受流水的冲刷情况及桥涵结构的性质等综合考虑。

墩台基础设置在季节冻土中时，基底最小埋深为设计冻深减去基础底面容许最大冻土层厚度。设计冻深尽量采用当地多年实测最大冻深平均值减去地表平均冻胀量。当缺乏上述资料时，设计冻深采用标准冻深 z_0 乘以各项影响系数；标准冻深 z_0 采用《建筑地基基础设计规范》（GB 50007—2011）附录F的方法，该规范考虑 ψ_{zs}、ψ_{zw}、ψ_{ze} 三个系数，即土的类别、土的冻胀性、环境对冻深的影响系数。除上述三个因素外，根据公路修建特点，尚需要考虑地形坡向和2007版规范对基础圬工较河床覆盖土导热性强两个因素（ψ_{zg}、ψ_{zf}），因此共考虑五个因素。

上述五个因素均沿用了2007版规范的取用规定，其中：

（1）土的冻胀性对冻深的影响系数 ψ_{zw} 是根据冻土科学试验场做的多年试验，以及对试验数据回归分析提出的土冻胀性对冻深影响表达式 $\psi_{zw}=0.94e^{-0.0175k_d}$ 计算得出，式中 k_d 为地基冻胀率（%）。

（2）基础对冻深的影响系数 ψ_{zf} 是根据冻土科学试验场做的混凝土基础不同埋置深度（$h=1.4m$、$1.6m$、$1.8m$、$2.0m$）试验，以及自试验数据分析提出的基础对冻深影响系数表达式 $\psi_{zf}=0.09+0.19\ln(100h)$ 计算得出，式中 h 为基础埋置深度（m）。

（3）基础底面下容许最大冻层厚度 h_{max} 是根据桥涵结构允许冻胀变形20mm计算不同冻胀率土的残留冻土层厚度，将此厚度作为基础底面下容许最大冻层厚度，经对土的冻胀率 k_d 与基础底面下容许最大冻层厚度 h_{max} 之间关系回归得出表达式 $h_{max}=154.3-47\ln k_d$，计算并推荐不同土的冻胀类别在基础底面下容许最大冻层厚度，见表5-1。其中 h_{max} 推荐值即本规范表5.1.2-5规定的值。

（4）另外，地形坡向对冻深的影响系数 ψ_{zg} 还参考了《冻土工程地质勘察规范》（GB 50324—2014）和《渠系工程抗冻胀设计规范》（SL 23—2006）有关规定。

表 5-1　不同土的冻胀类别在基础底面下容许最大冻层厚度

土冻胀类别		弱冻胀	冻胀	强冻胀	特强冻胀
h_{max}	计算值	$0.45z_0$	$0.33z_0$	$0.18z_0$	$0.09z_0$
	推荐值	$0.38z_0$	$0.28z_0$	$0.15z_0$	$0.08z_0$

注：1. z_0 为标准冻深，按照本规范附录第 E.0.1 条查得。

　　2. 推荐值取计算值除以 1.2。

5.1.3　桥梁除考虑安全经济外，还需要考虑整体美观，与当地的地形、环境相配合，使其各部的线形互相协调，尽可能做到美观。

5.2　地基承载力及基底偏心距验算

5.2.1　墩台基础是桥梁的重要组成部分，基础与基底持力层必须有足够的强度和稳定性，以确保桥梁的安全。因此，在墩台设计中，应该按墩台在建造时与使用期间可能同时发生的各种最不利的外力组合，对基础的稳定和基底土的承载力加以验算，必要时还要验算基础的沉降量。

当台背填土较高且地基又较软弱时，地基因受高填土的附加压力作用，往往会超过其容许承载力，使桥台丧失稳定，故需验算由于台背高填土对桥台基底的影响。

5.2.2　基础压力的数值与形状是个复杂的问题，因为地基和桥涵基础不是同一种材料，刚度相差很大，且变形不能协调。桥涵基础属于刚性基础，它的抗弯刚度大，在荷载作用下，基础本身几乎不变形，因此，原来是平面的基底，沉降后仍保持平面。如基础上的荷载合力通过基底形心，则沿基底的沉降也相同，但通过现场埋土压力盒实测和理论计算，基底压力的分布形状，根据其在基础上中心荷载的大小，可以分为"马鞍形""抛物线形"和"钟形"三种（图 5-1）。可见，抗弯刚度很大的基础，具有"架越作用"，即在调整基底沉降使之趋于均匀的同时，也使基底压力由中部向边缘转移。一般压力情况下中心受压时，接触压力为马鞍形分布。当荷载较大时，位于基础边缘部分的土中产生塑性变形区，边缘应力不再增大，而中间部分继续增加，应力图形由马鞍形转为抛物线形。当荷载接近于地基的破坏荷载时，应力图形由抛物形转变成中部突出的钟形。

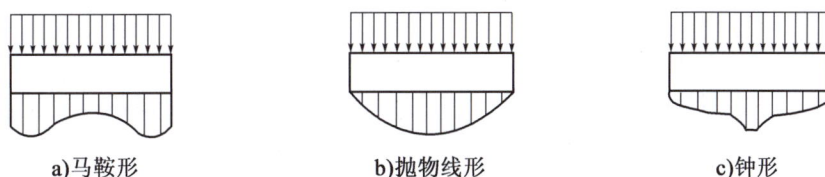

a)马鞍形　　　　　b)抛物线形　　　　　c)钟形

图 5-1　刚性基础基底压力分布示意

桥涵墩台基础，一般都可视为马鞍形分布的刚性基础。这些基础因受地基承载力的限制，荷载不会太大，加上还有一定埋深，所以在中心荷载作用下，可以认为是均匀分布；另外，根据圣维南原理，在地表以下一定深度（约 1.5~2.0 倍基础宽）所引起地基应力，几乎和基底荷载分布形状无关，而只与其合力大小及作用点位置有关。因此，在工程实用中把基底压力假设为直线分布，可以按弹性材料力学公式进行简化计算，如本规范式（5.2.2-1）~式（5.2.2-3）所示。

5.2.3~5.2.4 基岩上的墩台基底作用合力偏心距允许超出核心半径（$e_0 > \rho$），但其值仍不得超出本规范第 5.2.5 条的规定值。基岩上的墩台基底作用偏心距超出核心半径，将出现拉应力，地基不能承受拉应力，因此将要脱空，地基应力将重分布。单向偏心的偏心距超出核心半径后的应力重分布计算如本规范式（5.2.3）所示。双向偏心的偏心距超出核心半径后，应力重分布的计算数学处理比较麻烦，需要时可以参考有关资料。本规范附录 G 参考 1962 年《铁路设计手册》的计算诺模图，该诺模图原用于弹性材料力学的双偏心受压及压力重分布；对于地基压力验算，由于采用同一理论，同样适用。

5.2.5 偏心距的限值主要考虑基底受压的均匀性，对土基，最大压力与最小压力不要相差过大；对岩基，则允许受拉后考虑压力重分布。对于矩形截面单向偏心距 $e_0 \leqslant 0.1\rho$ 时，其最大压力与最小压力之比为 $p_{max}/p_{min} \leqslant 1.22$；当 $e_0 \leqslant 0.75\rho$ 时，$p_{max}/p_{min} \leqslant 7$。桥台承受台后土侧压力，偏心距远较桥墩大；但是桥台基底面积较桥墩为大，其基底最大压力较桥墩最大压力小。所以对桥台基底制定较大的容许偏心距，既基于实际受力条件，也考虑到桥台基底压力总体不大，对地基承载力和沉降不会有较大的影响。这些规定自 20 世纪 50 年代以来一直沿用。

墩台承受作用组合时，其计算偏心距较仅受永久作用偏心距大，且方向可变，因此相对于承受永久作用，对非岩石地基的偏心距容许值要求放宽至 $[e_0] \leqslant \rho$；对于岩石地基，允许出现拉应力，但出现拉应力后，要考虑应力重分布，还需保证抗倾覆稳定。按本规范式（5.4.1-1），矩形截面单向偏心，当 $e_0 \leqslant \rho$、$e_0 \leqslant 1.2\rho$ 和 $e_0 \leqslant 1.5\rho$ 时，其相应抗倾覆稳定系数（根据 2007 版规范得出）分别为 $k_0 \geqslant 3.0$、$k_0 \geqslant 2.5$ 和 $k_0 \geqslant 2.0$。上述按偏心距计算的抗倾覆稳定系数高于稳定验算时的抗倾覆稳定系数。上面是在同一荷载条件下比较的，但实际上承载力验算在无充分把握情况下不计浮力，而抗倾覆稳定验算在无充分把握情况下计入浮力，可见不同情况下考虑的因素不一样。

对于双偏心受压的核心半径 ρ 值或 e_0/ρ 值计算（单偏心受压为其一特例），本规范考虑双偏心受压，现推导如下：

设一矩形截面（图 5-2）轴向力作用于第一象限，其绕 x 轴的弯矩 M_x、绕 y 轴的弯矩 M_y 和斜弯矩 M 分别为：

$$M_x = Ne_y = Ne_0\sin\alpha \tag{5-1}$$

$$M_y = Ne_x = Ne_0\cos\alpha \tag{5-2}$$

$$M = Ne_0 \tag{5-3}$$

所有符号意义见图 5-2。

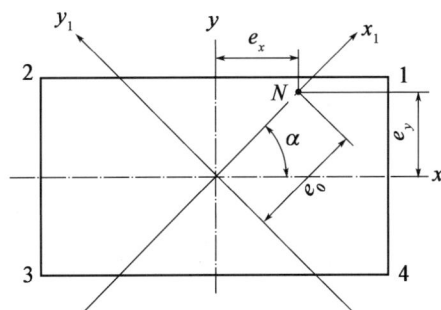

图 5-2 矩形基底截面双偏心受压示意

将 x、y 轴旋转 α 角，以 x_1 为横坐标、y_1 为纵坐标，以此可得基底最小压应力为：

$$p_{\min} = \frac{N}{A} - \frac{M}{W} \tag{5-4}$$

根据材料力学截面核心半径定义，$\rho = W/A$，则式（5-4）可以写为：

$$p_{\min} = \frac{N}{A} - \frac{Ne_0}{\rho A} = \frac{N}{A}\left(1 - \frac{e_0}{\rho}\right)$$

即

$$\rho = \frac{e_0}{1 - \dfrac{p_{\min}A}{N}} \tag{5-5}$$

计算 ρ 时，$p_{\min}$ 可以用式（5-6）求得：

$$p_{\min} = \frac{N}{A} - \frac{Ne_0\sin\alpha}{W_x} - \frac{Ne_0\cos\alpha}{W_y} \tag{5-6}$$

式中：W_x——基底面积绕 x 轴对非偏心方向边缘的截面抵抗矩；

W_y——基底面积绕 y 轴对非偏心方向边缘的截面抵抗矩。

当 $p_{\min}$ 为负值时为拉应力，计算不考虑开裂后应力重分布，可以用负值（拉应力）代入。

对于非矩形的任意截面，以上计算式同样适用。

对于拱桥，水平推力较大，基于实际受力条件，墩台仅承受永久作用时，对于非岩石地基，本规范沿用 2007 版规范要求尽量保持在基底中线附近；当承受频遇组合时，非岩石地基仍不能超过核心半径；设于非岩石和岩石地基的单向推力墩，由于其处于非使用的临时情况，偏心距可以不受限制，但仍需满足地基承载力和抗倾覆、滑动稳定要求。

5.2.6 当基底以下有软弱地基或软土层时需验算其承载力。由于作用在下卧层的附加压应力值是随其深度的增加而降低，故一般不必对所有墩台的下卧层都验算，仅基底下有湿陷性土或有液性指数大于 0.6 的黏性土下卧层时才进行验算。基底压力为梯形图形，本条近似地简化为矩形，基底压力值 p 按本条规定采用，这样的做法同样用于沉降计算。《铁路桥涵地基和基础设计规范》（TB 10093—2017）第 3.2.1 条、第 5.2.1 条均采用此法。随着地基的加深，附加压应力将逐步减小，基底压应力的影响也将减小，故可以简化。

5.3　沉降验算

5.3.1　墩台基础的沉降必然引起上部结构下沉，从而影响桥下净高和伸缩装置、支座、简支梁连续桥面的使用。一般的，有下列情况时要验算墩台基底沉降：

（1）两相邻跨径悬殊。

（2）确定跨线桥或跨线渡槽下的净高时，需要预先计算其墩台沉降值。

（3）当墩台建在地质复杂、地层不均匀及承载力较差的地基上时。

（4）桥梁改建或拓宽。

5.3.3　基础的沉降，对于外超静定结构（连续梁、推力拱、刚构等），除前述第5.3.1条条文说明因素外，更重要的是会引起结构附加内力。因此，本规范规定，对于外超静定结构的基础，还要考虑沉降对结构内力的影响。

本规范规定墩台均匀总沉降不再计入，相邻桥墩因不同沉降在纵断面上引起的附加折角不超过2‰。这样，桥上的设施如伸缩装置、连续桥面、支座能够适应。

5.3.4～5.3.7　墩台基础的最终沉降量沿用了2007版规范规定的计算方法。沉降计算的规范法是一种简化的分层总和法。分层总和法把地基视作直线变形体，在外荷载作用下的变形只发生有限厚度 z 的范围内（即压缩层），将压缩层厚度分层，分别求出各分层的应力，然后用土的应力-应变关系式求出各分层的变形量，再求出总和即为地基的最终沉降量。规范法从以下几个方面予以简化或改进：

（1）分层总和法要求按 $h_i \leqslant 0.4b$ 分层（h_i 为分层厚度，b 为基础宽度），计算工作量较大，规范法基本上要求将每个天然土层当作一层来计算沉降量。

（2）采用平均附加应力系数 $\bar{\alpha}$，而不采用附加应力系数 α，$\bar{\alpha}$ 和 α 均见本规范附录J。

$\bar{\alpha}$ 推导如下：分层总和法分层变形公式可以改为式（5-7）［参见《土力学地基与基础疑难释义》（赵明华等编著，建筑工业出版社，1998年）4.3、4.4节］：

$$\Delta_{si} = \frac{e_{1i} - e_{2i}}{1 + e_{1i}} h_i = \frac{\alpha_i \ (p_{2i} - p_{1i})}{1 + e_{1i}} h_i = \frac{p_{2i} - p_{1i}}{E_{si}} h_i = \frac{p_{z_i}}{E_{s_i}} h_i \qquad (5\text{-}7)$$

式中：e_{1i}、e_{2i}——地基在自重压应力 p_1 作用下的孔隙比、自重压应力加附加压应力 p_2

　　　　　　　作用下的孔隙比；

　　　　h_i——分层厚度（分层总和法要求 $h_i \leqslant 0.4b$）；

　　　　α_i——附加应力系数；

　　　　p_{1i}——自重压应力平均值；

p_{2i}——附加压应力平均值；

E_{si}——基底以下第 i 层土压缩模量，取土的自重压应力至土的自重压应力与附加压应力之和的压应力段计算；

p_{z_i}——离基底以下 z_i 处地基自重附加压应力，$p_{z_i}=\alpha_i p_0$，其中 p_0 为基底附加压应力。

上式中，$p_{z_i}h_i$ 可以看为图5-3a）所示阴影线部分的附加压应力面积 A_{3456}，而该压应力面积为：$A_{3456}=A_{1234}-A_{1256}$。

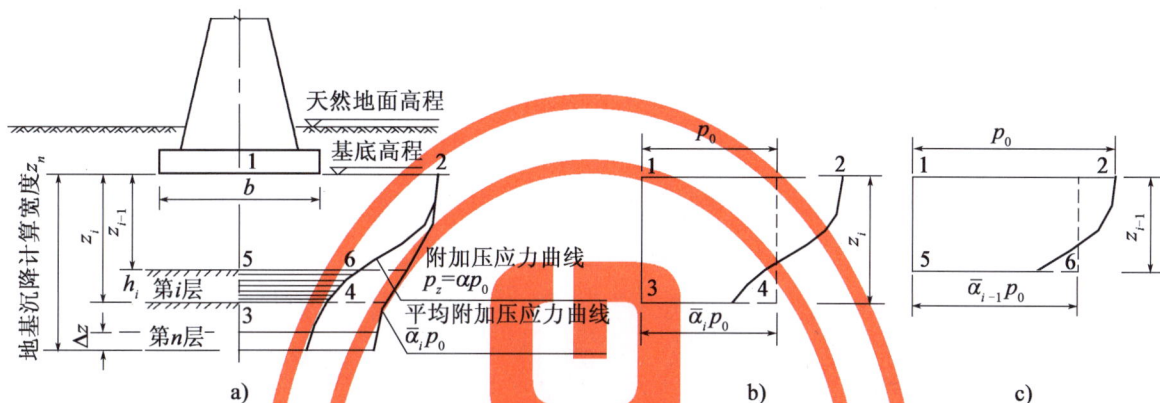

图5-3 地基沉降计算分层示意

A_{1234} 表示 z_i 范围内竖向附加压应力 p_z 的压应力面积［图5-3b）］。为了计算简便，规范法引入一个平均附加应力系数 $\overline{\alpha_i}=\dfrac{A_{1234}}{p_0 z_i}$，则 $\overline{\alpha_i}p_0 z_i$ 为深度 z_i 范围内竖向附加压应力 p_z 的压力面积 A_{1234} 的等代值；同理 $\overline{\alpha}_{i-1}p_0 z_{i-1}$ 为深度 z_{i-1} 范围内竖向附加压应力面积 A_{1256} 的等代值［图5-3c）］。则，分层总和法见式（5-8）：

$$\Delta_{si}=\frac{p_{z_i}h_i}{E_{si}}=\frac{A_{3456}}{E_{si}}=\frac{A_{1234}-A_{1256}}{E_{si}}=\frac{p_0}{E_{si}}(z_i\overline{\alpha_i}-z_{i-1}\overline{\alpha}_{i-1}) \tag{5-8}$$

平均附加应力系数 $\overline{\alpha_i}$ 见式（5-9）：

$$\overline{\alpha}=\frac{A}{pz}=\frac{\int_0^z p_z\mathrm{d}z}{p_0 z}=\frac{p_0\int_0^z\alpha\mathrm{d}z}{p_0 z}=\frac{\int_0^z\alpha\mathrm{d}z}{z} \tag{5-9}$$

式中：$\int_0^z\alpha\mathrm{d}z$——深度 z 处附加压应力面积，可采用数值积分制成表格查取。

所以，本规范中的方法也称压力面积法。

（3）对地基变形计算深度 z_n 重新作了规定。分层总和法以地基附加压应力与自重压应力之比为0.2或0.1作为控制标准（简称"压力比法"），但它没有考虑土层的构造与性质，过于强调荷载对压缩层影响，而对基础大小这一更重要因素重视不足。本规范采用相对变形作为控制标准（简称"变形法"），即要求满足：

$$\Delta s'_n\leqslant 0.025\sum_{i=1}^{n}\Delta s'_i \tag{5-10}$$

式中：$\Delta s'_i$——在计算深度 z_n 范围内，第 i 层土的计算变形值；

— 143 —

$\Delta s'_n$——在计算深度 z_n 处向上取厚度 Δz（图 5-3）土层的计算沉降值。Δz 见本规范表 5.3.6。

（4）引入沉降经验系数 ψ_s。

上述简化措施必将引起一些偏差，再加上分层总和法本身理论上的偏差，使计算结果与实际情况有出入。大量的沉降观测资料表明：当地基土层较密实时，计算沉降值偏大；当土层较弱时，计算沉降值偏小。为此，规范引入经验系数 ψ_s 予以修正。ψ_s 从大量的工程实际沉降观测资料中经数理统计分析得出，它综合反映了许多因素的影响，如：侧限条件的假设；计算附加压力时对地基土均质的假设与地基土层实际成层不一致而对附加压力产生的影响；不同压缩性的地基土沉降计算值与实测值的差异等。因此，规范法更接近于实际。

ψ_s 的取值见本规范表 5.3.5。ψ_s 是根据地基附加压力 p_0 及 z_n 范围内压缩模量当量值 $\bar{E}_s$ 给出的，而 2007 版规范按厚度加权平均值采用，它虽然简单，但忽略了附加压力沿深度分布的特点。因此，当压缩层为多层土时与压缩层为单一层土组成时所得的 $\bar{E}_s$ 值在计算中并不等效。则规范法提出按分层变形 $\bar{E}_s$ 的加权平均方法，即：

$$\bar{E}_s = \frac{\sum A_i}{\sum \dfrac{A_i}{E_{si}}} = \frac{p_0 \sum (z_i \bar{\alpha}_i - z_{i-1} \bar{\alpha}_{i-1})}{p_0 \sum \dfrac{(z_i \bar{\alpha}_i - z_{i-1} \bar{\alpha}_{i-1})}{E_{si}}} = \frac{\sum (z_i \bar{\alpha}_i - z_{i-1} \bar{\alpha}_{i-1})}{\sum \dfrac{(z_i \bar{\alpha}_i - z_{i-1} \bar{\alpha}_{i-1})}{E_{si}}} \tag{5-11}$$

$\bar{E}_s$ 即压缩模量当量值。具体计算方法举例如下（图 5-4）：

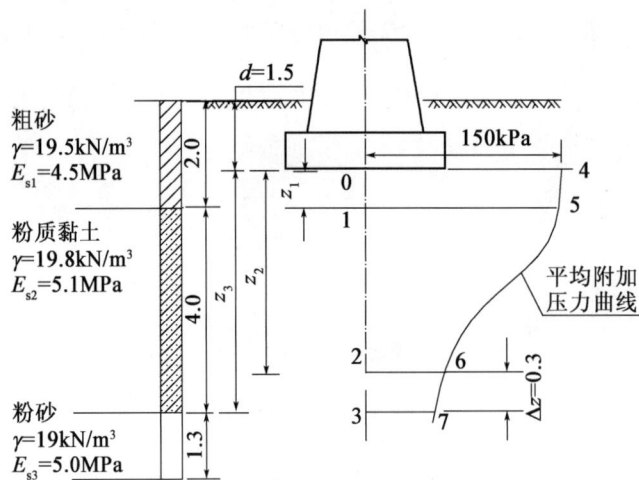

图 5-4 $\bar{E}_s$ 计算示意（尺寸单位：m）

$$\bar{E}_s = \frac{A_{0145} + A_{1256} + A_{2367}}{\dfrac{A_{0145}}{E_{s1}} + \dfrac{A_{1256}}{E_{s2}} + \dfrac{A_{2367}}{E_{s3}}} = \frac{493.60 + 1\,722.32 + 52.08}{\dfrac{493.60}{4.5} + \dfrac{1\,722.32}{5.1} + \dfrac{52.08}{5.0}} = 5\text{MPa}$$

上式中各项含义，若用面积 A 代表"压力/长度"，由图 5-4 可以得到：

$$A_{0145} = A_{0145} - 0 = 493.60\text{kPa} \cdot \text{m}（\text{kN/m}）$$

$$A_{1256} = A_{0246} - A_{0145} = 2\,215.92 - 493.60 = 1\,722.32\text{kPa} \cdot \text{m}（\text{kN/m}）$$

$$A_{2367} = A_{0347} - A_{0246} = 2\,268.00 - 2\,215.92 = 52.08\text{kPa} \cdot \text{m}（\text{kN/m}）$$

（5）确定地基沉降计算深度 z_n。

对于地基沉降计算深度（包括存在相邻荷载影响），以相对变形作为控制标准（简称"变形法"），即：$\Delta s_n' \leqslant 0.025 \sum_{i=1}^{n} \Delta s_i'$［式（5.3.6）］。可见，就其表达式而言，本规范与85规范一样，但在 $\Delta s_n'$ 的取值上，两者不一样。85规范第3.3.5条取地基深度 z_n 处，向上取计算层厚度为1m的计算变形值。这样的规定，对于不同基础宽度，其计算精度不等；用变形比法计算独立基础、条形基础时，其值偏大；但对于 b 为10~50m的大基础，其值却与实测值接近。为使采用变形比法计算小基础时的计算 z_n 值不至于过大，经反复试算，提出采用 $0.3(1+\ln b)$（以 m 计）代替采用上述1m的规定，并取得了较为满意的结果（简称"修正变形比法"），本规范表5.3.6就是根据 $0.3(1+\ln b)$（以 m 计）的关系，以范围更大的分级给出向上计算层厚 Δz 的值。

当无相邻荷载影响、基础宽度在 1~30m 范围内时，确定基础中点的变形计算深度，可以用式（5.3.7）。式（5.3.7）根据具有分层的19个荷载试验（面积为 0.5~13.5m²）和31个工程实测资料统计分析而得。分析结果表明，对于一定的基础宽度，地基压缩层的深度不一定随着荷载 p 的增加而增加。基础形状与地基土类别对压缩层深度的影响亦无显著规律；而基础大小和压缩层深度之间却有着明显的规律。

图5-5为以实测压缩层深度 z_n 与基础宽度 b 之比为纵坐标、以 b 为横坐标的实测点与回归线图。实测方程 $z_n/b = 2.0 - 0.4\ln b$ 为根据实测点求得的结果。为使曲线具有更高的保证率，方程式右边引入随机项 $t_a \phi_0 s$，取置信度为 $1-\alpha = 95\%$，该随机项偏于安全地取0.5，即可得出式（5.3.7）。

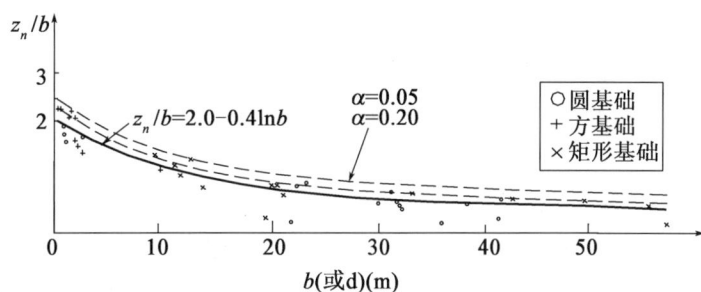

图 5-5 z_n/b-b 实测点和回归线

图5-5的实线之上有两条虚线。上层虚线为 $\alpha = 0.05$、置信度为95%的方程，即本规范式（5.3.7）；下层虚线为 $\alpha = 0.2$、置信度为80%的方程。为安全起见推荐前者。

从图5-5中可以看出，绝大多数实测点分布在 $z_n/b = 2$ 的线以下，即使最高的个别点，也只位于 $z_n/b = 2.2$ 之处。国内外一些资料亦认为压缩层深度以 $2b$ 或稍高一点为宜。所以本规范规定，在计算深度范围内存在基岩时，z_n 可以取至基岩表面；当存在较厚的坚硬黏土层，其孔隙比小于0.5、压缩模量大于50MPa，或存在较厚的密实砂卵层，其压缩模量大于80MPa时，可以取至该层土表面。

（6）本条将基底压力图形近似地简化为矩形，基底压力值 p 按本条规定采用，有关说明见本规范第5.2.6条条文说明。桥墩台的平面一般较工业与民用建筑简单且面积较小，这个简化方法仍然可用。对某些地基情况复杂的桥墩台，也可以按实际的梯形压力图形，用角点法计算基础中点沉降量，此方法可以参考《建筑地基基础设计规范》（GB 50007—2011）附录内有关计算用表。

5.4 稳定性验算

5.4.1 本规范分别对桥涵墩台基础抗倾覆稳定验算与挡土墙基础抗倾覆稳定验算采用两种不同计算方法。本条说明就两种不同的计算方法进行比较，说明桥涵墩台基础抗倾覆稳定计算方法是可行的，并与国外规范［例如美国 AASHTO 规范，见（2）］用法一致。

（1）桥涵墩台基础抗倾覆稳定计算方法。

验算基底抗倾覆稳定性，旨在保证桥梁墩台不致向一侧倾倒（绕基底的某一轴转动）。建在岩层上的墩台是绕基底受压的最外边缘（以最外边缘为轴）而倾覆；建在弹性的软土上面的墩台基础，由于最大受压边缘陷入土内，此时基础的转动轴将在受压最外边缘的内侧某一线上。基底土愈弱，基础转动轴将愈接近基底中心，基础抗倾覆的稳定性就愈低。但在设计基础时，因要求基底最大压力限制在基底土的容许承载力以内，故基础的转动轴仍假定在最大受压的外边缘，如图5-6a）所示。

现将合力作用点移至基底，设基底底面合力分解为竖向力 N 和水平力 H，见图5-6a），此时 H 仅有滑动作用，N 有倾覆作用。如将 N 移至基底重心，同时又加一对大小相等、方向相反的力偶 Ne_0，见图5-6b），即在基底重心作用有竖向力 N 和弯矩 Ne_0，其竖向的作用力与图5-6a）是一致的。我们可以看到，力偶 Ne_0 绕基底最外边 A 旋转，为倾覆力矩，而竖向力 N 对 A 点的力矩则为稳定力矩。即：

$$k_0 = \frac{Ns}{Ne_0} = \frac{s}{e_0} \tag{5-12}$$

（2）桥涵墩台基础抗倾覆稳定验算（以下简称"第一种方法"）与挡土墙基础抗倾覆稳定验算（以下简称"第二种方法"）两种方法或两种概念比较（图5-7）。

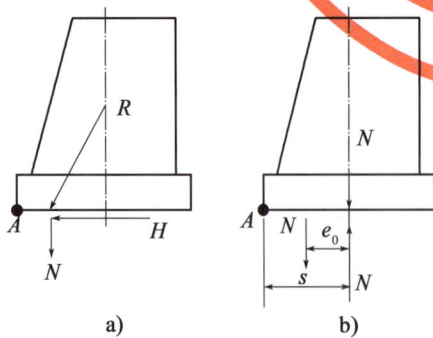

图5-6 倾覆稳定示意

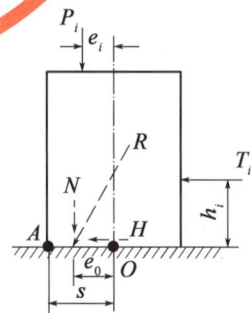

图5-7 倾覆稳定验算示意

P_i、T_i-第 i 号竖向力、水平力；e_i、h_i-第 i 号竖向力、水平力对基底重心力臂；R-竖向力和水平力合力，其在基底偏心距为 e_0；N、H-作用于基底的合力 R 分解为竖向力 N 和水平力 H

①第一种方法安全系数 k_0：

$$k_0 = \frac{M_y}{M_0} \tag{5-13}$$

式中：M_y——把全部竖向力移至基底截面重心对截面边缘的抵抗倾覆力矩；

M_0——全部外力对基底截面重心倾覆力矩。

$$M_y = s \sum P_i \tag{5-14}$$

$$M_0 = \sum P_i e_i + \sum T_i h_i \tag{5-15}$$

$$k_0 = \frac{s \sum P_i}{\sum P_i e_i + \sum T_i h_i} = \frac{s}{\dfrac{\sum P_i e_i + \sum T_i h_i}{\sum P_i}} = \frac{s}{e_0} \tag{5-16}$$

式（5-16）即为本规范式（5.4.1-1）。

②第二方法安全系数 k_0'：

$$k_0' = \frac{M_y'}{M_0'} \tag{5-17}$$

式中：M_y'——绕基底外缘（A 点处）倾覆轴保持结构稳定的稳定力矩；

M_0'——绕基底外缘（A 点处）倾覆轴使结构发生倾覆的倾覆力矩。

按图 5-7，则有：

$$k_0' = \frac{\sum P_i (s - e_i)}{\sum T_i h_i} \tag{5-18}$$

按上面两种方法计算所得抗倾覆安全系数通常不相等。那么，什么情况下能相等呢？试令 $k_0 = k_0'$，即令式（5-16）等于式（5-17）。

$$\frac{s \sum P_i}{\sum P_i e_i + \sum T_i h_i} = \frac{\sum P_i (s - e_i)}{\sum T_i h_i} \tag{5-19}$$

将式（5-19）移项整理，可得：

$$s \sum P_i \cdot \sum T_i h_i = (\sum P_i e_i + \sum T_i h_i) \cdot (\sum P_i s - \sum P_i e_i)$$

$$= \sum P_i e_i \cdot \sum P_i s + \sum T_i h_i \cdot \sum P_i s - \sum P_i e_i \cdot \sum P_i e_i - \sum T_i h_i \cdot \sum P_i e_i$$

$$= \sum P_i e_i \cdot (\sum P_i s - \sum P_i e_i - \sum T_i h_i) + \sum T_i h_i \cdot \sum P_i s$$

得：

$$\sum P_i e_i \cdot (\sum P_i s - \sum P_i e_i - \sum T_i h_i) = 0 \tag{5-20}$$

由式（5-20）可知，只有当下面两种情况存在时，等式两边才相等。

情况 1：$\sum P_i e_i = 0$，即竖向合力是作用于截面重心。

情况 2：$\sum P_i s - \sum P_i e_i - \sum T_i h_i = 0$，即 $\sum P_i (s - e_i) = \sum T_i h_i$，即在 A 点，所有竖向力力矩总和等于所有水平力力矩总和；或者说 R 作用于 A 点。

这两种安全系数 k_0 和 k_0' 关系推演如下：

由式（5-16）可得：

$$k_0 = \frac{s\sum P_i}{\sum P_i e_i + \sum T_i h_i} = \frac{\sum P_i(s-e_i) + \sum P_i e_i}{\sum P_i e_i + \sum T_i h_i}$$

$$= \frac{\left[\sum P_i(s-e_i) + \sum P_i e_i\right]/\sum T_i h_i}{\left(\sum P_i e_i + \sum T_i h_i\right)/\sum T_i h_i} = \frac{\dfrac{\sum P_i(s-e_i)}{\sum T_i h_i} + \dfrac{\sum P_i e_i}{\sum T_i h_i}}{1 + \dfrac{\sum P_i e_i}{\sum T_i h_i}}$$

$$= \frac{k_0' + \alpha}{1 + \alpha} \tag{5-21}$$

式中：
$$\alpha = \frac{\sum P_i e_i}{\sum T_i h_i} \tag{5-22}$$

将式（5-21）移项后可得 k_0 和 k_0' 两者关系式：

$$k_0' = k_0 + \alpha(k_0 - 1) \tag{5-23}$$

由式（5-22）可知，当 $\alpha > 0$（α 为正值），即 $\sum P_i e_i$ 与 $\sum T_i h_i$ 同方向；同时又考虑一般情况下 k_0 均大于1，由式（5-23）可知，$k_0' > k_0$，即第二种方法安全系数 k_0' 大于第一种方法安全系数 k_0，因此，第二种方法较为安全。

由式（5-22）可知，当 $\alpha < 0$（α 为负值），即 $\sum P_i e_i$ 与 $\sum T_i h_i$ 反方向；由式（5-23）可知，$k_0' < k_0$，即第二种方法安全系数 k_0' 小于第一种方法安全系数 k_0，因此，第一种方法较为安全。

《美国公路桥梁设计规范——荷载与抗力系数设计法》（简称《AASHTO-LRFD》规范），对于墩台、挡土墙抗倾覆稳定都采用上述第一种概念，但规定用偏心距限值表达，即对于土体上的基础，反力的合力作用位置应该位于基底中央的 $b/2$ 范围内；对于岩石上的基础，反力的合力作用位置应该位于基底中央的 $3b/4$ 范围内。

上述 b 在条文中未注明，显然为基底全宽。如图5-8所示，同样可以用本规范式（5.4.1-1）计算出安全系数。

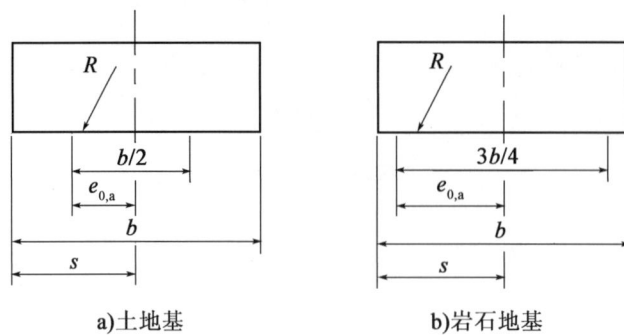

a)土地基　　　　　　　　　b)岩石地基

图5-8　美国《AASHTO-LRFD》规范关于基底容许偏心距范围
b-基底宽；R-外力合力；$e_{0,a}$-容许偏心范围；s-基底重心至偏心方向边缘距离

土基：
$$e_0 = \frac{b}{4} = \frac{1}{4} \times 2s = \frac{s}{2} \tag{5-24}$$

$$k_0 = \frac{s}{e_0} = \frac{s}{s/2} = 2 \tag{5-25}$$

岩基：
$$e_0 = \frac{3}{8}b = \frac{3}{8} \times 2s = \frac{3}{4}s \qquad (5\text{-}26)$$

$$k_0 = \frac{s}{e_0} = \frac{s}{3s/4} = 1.33 \qquad (5\text{-}27)$$

5.4.2 基础滑动有两种可能，一种为水平推力克服了基底面与基底土之间的摩阻力而沿基底面滑动；另一种为水平推力克服了土体内部的摩阻力使基础与持力层的一部分一起滑动。后者对桥涵墩台来说是很少出现的，因为桥涵墩台基础一般埋置深度较深，而且基底的容许压力已有一定的安全系数，这就保证了基底土不致产生局部极限平衡而达于塑性流动。故本规范规定，只验算前一种的抗滑动稳定性。抗滑动稳定系数为抗滑稳定力与滑动力之比。

2007 版规范中摩擦系数值参考了《铁路桥涵地基和基础设计规范》（TB 10002.5—2005）并按 2007 版规范第 3 章地基岩土分类确定。根据 2007 版规范实施期间设计人员反映以及规范复审专家意见，均认为硬塑性黏土基底摩擦系数偏小，与铁路和建筑行业规范对应指标相比偏于保守，对于大型重力式基础会导致工程量增大较多。因此本次修改参考了铁路和建筑行业规范要求，对黏土（流塑～坚硬）、粉土的基底摩擦系数进行了调整。

5.4.3 墩台基础抗倾覆和抗滑动的稳定安全系数，也就是 2007 版规范的稳定性系数。抗倾覆稳定安全系数在同样作用组合条件下略大于滑动稳定安全系数，这是考虑基础周边土对基础的抗滑稳定，较之对基础的抗倾覆具有更大的稳定作用。

墩台基础抗倾覆稳定系数 k_0 与本规范第 5.2.5 条关于合力偏心距 e_0 有一定关系，现以矩形截面单偏心为例，说明如下：

本规范式（5.4.1-1）中，$k_0 = s/e_0$，$e_0 = s/k_0 = (b/2)/k_0$（b 为基础宽度），对于单向偏心的矩形截面，基础取单位长度，$\rho = 0.167b$（b 为基础宽度）。在不同 k_0 情况下，e_0 如表 5-2 所示。

表 5-2　矩形截面单偏心抗倾覆稳定系数 k_0、偏心距 e_0 和 p_{max}/p_{min} 对照表

k_0	偏心距 e_0		p_{max}/p_{min}
	以 b 表示	以 ρ 表示	
1.2	$0.417b$	2.497ρ	$(3.502/-1.502) \cdot N/A$
1.3	$0.385b$	2.305ρ	$(3.31/-1.31) \cdot N/A$
1.5	$0.333b$	1.994ρ	$(2.998/-0.998) \cdot N/A$

注：1. p_{max} 和 p_{min} 分别为最大和最小应力，$p_{max} = N(1 + 6e_0/b)/A$，$p_{min} = N(1 - 6e_0/b)/A$，负值为拉应力。
　　2. N 为竖向力，A 为基底面积。

从表 5-2 可以看出，矩形截面单向偏心抗倾覆稳定系数等于规定限值时，相应偏心距大于本规范表 5.2.5 规定，说明偏心距控制墩台基础的抗倾覆稳定设计。偏心距限值与抗倾覆稳定系数的关系，见第 5.2.5 条条文说明。

6 桩基础

6.1 一般规定

6.1.1 桩基础按下列两类极限状态设计：

（1）承载能力极限状态：桩基达到最大承载能力、整体失稳或发生不适于继续承载的变形。

（2）正常使用极限状态：桩基达到正常使用规定的变形限值或达到耐久性要求的某项限值。桩基承载能力计算和稳定性验算是承载能力极限状态设计的具体内容，应结合工程具体条件有针对性地进行计算或验算。桩基变形是正常使用极限状态设计的具体内容，涵盖沉降和水平位移两个方面，后者包括长期水平荷载、高烈度区水平地震作用以及风荷载等引起的水平位移；桩基沉降是计算绝对沉降、差异沉降的基本参数。

6.1.2 合理地选择桩类和桩型是桩基设计中的重要环节，有关桩的分类说明如下：

1. 按承载性状分类

桩在竖向荷载作用下，桩顶荷载由桩侧阻力和桩端阻力共同承受，而桩侧阻力、桩端阻力的大小及分担荷载比例，主要由桩侧和桩端地基土的物理力学性质、桩的尺寸和施工工艺决定。传统的分类法是将桩分成摩擦型桩和端承型桩两大类。摩擦型桩又进一步可分为摩擦桩和端承摩擦桩。端承型桩可进一步分为端承桩和摩擦端承桩。

2. 按成桩方法分类

大量工程实践表明，成桩挤土效应对桩的承载力、成桩质量控制和环境等有很大影响，因此，根据成桩方法和成桩过程的挤土效应，将桩分为非挤土型桩、部分挤土型桩和挤土型桩三类。

在饱和软土中设置挤土型桩，如设计和施工不当，就会产生明显的挤土效应，导致管桩断裂、桩上涌和移位、地面隆起等，从而降低桩的承载力；有时还会损坏邻近建筑物；桩基施工后，还可能因饱和软土中孔隙水压力消散，土层产生再固结沉降，使桩产生负摩阻力，降低桩基承载力，增大桩基沉降。挤土桩只有设计和施工得当，才可收到良好的技术经济效果。

在非饱和松散土中采用挤土型桩，其承载力明显高于非挤土型桩。因此，正确地选择成桩方法和工艺，是桩基设计中的重要环节。

对于非挤土型桩，由于其既不存在挤土负面效应，又具有穿越各种硬夹层、嵌岩和进入各类硬持力层的能力，桩的几何尺寸和单桩的承载力可选择空间大。

6.1.5 摩擦型桩的沉降一般大于端承型桩的沉降，为防止桩基产生不均匀沉降，在同一桩基中，不推荐同时采用摩擦型桩和端承型桩。在同一桩基中，采用不同直径、不同材料和桩端深度相差过大的桩，不仅设计复杂，施工中也易产生差错，故不推荐采用。

6.1.6 常用桩指长细比小于 40 的桩。静载荷试验法包括堆载法、锚桩法、自平衡法等。静载荷试验法测试基桩承载力，成果直观、可靠。当在狭窄场地、坡地、基坑底、水（海）上及超大吨位桩等情况下，传统的静载试验法（堆载法和锚桩法）常受到场地和加载能力等因素的制约。基桩自平衡法是基桩静载荷试验的一种新型方法，具有省时、省力、安全、无污染、综合费用低和不受场地条件、加载吨位限制等优点。自平衡法目前已用于钻孔灌注桩、人工挖孔桩、沉管灌注桩、管桩和深基础（沉井、地下连续墙），桩受力的形式有摩擦桩、端承摩擦桩、摩擦端承桩、端承桩、抗拔桩。自平衡法试验目前已经有相应的行业标准《基桩静载试验　自平衡法》（JT/T 738—2009）。

6.2 构造

6.2.1 桩的直径根据受力大小、桩基形式和施工条件等综合因素确定。混凝土管桩直径一般采用 0.4～1.2m，是为适应现有的沉入桩施工的机具设备；管壁最小厚度 80mm，是指用离心旋转机制造时的壁厚。

6.2.2 锤击或振动下沉的钢筋混凝土方桩和管桩都是预制的，其桩身配筋除符合基础结构的强度要求外，还要满足运输、起吊和沉桩时的受力要求，所以需要通长配筋。锤击或振动下沉的过程中，桩的两端受力较大，尤其在坚硬的土层中受力更大，故桩两端的箍筋或螺旋筋要适当加密其间距。

钻（挖）孔桩是先钻（挖）孔，随后就地浇注混凝土制成的，没有吊运、下沉等工序，因此，钻（挖）孔桩仅按结构受力要求分段配筋。当按内力计算不需要配筋时，按构造规定配筋。

6.2.3 为了保证焊接质量，尽可能进行工厂焊接，并采用双面施焊。如不能采取双面施焊，则需要设置内衬板单面施焊，或采用其他可靠的焊接工艺。

为防止钢管桩发生屈皱破坏，对壁厚作了规定。

6.2.4 钢管混凝土组合桩受力基本原理为：借助内填混凝土增强钢管的稳定性及刚度；借助钢管对核心混凝土的套箍（约束）作用，使核心混凝土处于三向受压状态，从而使核心混凝土具有更高的抗压强度和抗变形能力。由于钢管混凝土组合桩具有承载力高、延性好、便于施工等优点，钢管混凝土组合桩基结构在外海桩基工程中具有极大的发展前景。钢管混凝土组合桩身截面配筋率一般由水平承载力要求控制，考虑到桩的耐久性、船舶意外碰撞和施工因素的不利影响，并参考国内外规范的最小配筋率，本规范给出最小配筋率为 0.6%。端承型桩、抗拔桩和承受负摩阻力的桩，全桩长的轴向压力都较大，故通长配筋。位于坡地或岸边的桩，当坡地或岸边存在软土层时，往往会产生附加的水平推力，使桩受到剪切，因此，一般通长配筋。

6.2.5 钢材的腐蚀属电化学腐蚀，由于工程所处环境、水质和气候等条件不同，钢材腐蚀的特点亦有所不同，设计时需综合考虑工程重要性、使用要求、结构部位、施工可能性、维护方法及材料来源等因素。

6.2.6 桩的排列根据受力大小和施工条件确定，群桩的布置一般采用对称排列；若承台面积不大，桩数较多，则采用梅花形或环形排列。

摩擦型桩的群桩中距，从受力角度考虑最好是使各桩端平面处压力分布范围不重叠，以充分发挥其承载能力。根据这一要求，经试验测定，中距为 $6d$（d 为直径或边长）。但桩距如采用 $6d$ 就需要面积很大的承台，故一般采用的群桩中距均小于 $6d$。为了使桩端平面处相邻桩作用于土的压力重叠不致太多，导致因土体挤密而使桩打不下去，故根据经验规定锤击、静压沉桩在桩端平面处的中距不小于 $3d$；振动下沉桩因土的挤压更为显著，所以规定在桩端平面处中距不小于 $4d$。桩在承台底面处的中距均不小于桩径（或边长）的 1.5 倍。

钻孔桩不存在沉桩过程中相互影响或打不下去的现象，为减小承台面积，其中距可以适当减小。但中距过小会使桩间土体与桩侧间的摩擦支承作用降低，故规定不小于 $2.5d$。

端承型桩因桩端处不发生压力重叠现象，只要施工许可，其中距可比摩擦型桩适当减小。

边桩（或角桩）外侧至承台边缘的距离，需保证桩顶主筋弯成喇叭形后还有足够的保护层，同时在桩顶弯矩及横向力的作用下承台边缘圬工不致破裂。

6.2.7 承台厚度、配筋和混凝土强度等级一般按受力确定。但承台受力情况比较复杂，目前还没有较成熟的计算方法，根据现行《公路钢筋混凝土及预应力混凝土桥涵设计规范》（JTG 3362）要求，承台厚度取不宜小于桩直径的 1.5 倍，且不小于 1.5m，混凝土强度等级不低于 C25，当采用强度标准值 400MPa 及以上钢筋时不应低于 C30，并在承台底部的桩顶布置一层钢筋网。当桩顶主筋伸入承台连接时，此项钢筋网须全长通过桩顶，并与桩的主筋绑扎在一起，以防止承台受拉区裂缝开展，见图 6-1。当桩顶不破头直接埋入承台内时，应在桩顶面上设一两层局部钢筋网，钢筋直径不小于 12mm，钢筋网每边长度不小于桩径的 2.5 倍，网孔为 100mm×100mm~150mm×150mm。

承台计算按照现行《公路钢筋混凝土及预应力混凝土桥涵设计规范》（JTG 3362）的有关章节进行。

横系梁的构造钢筋按不小于其横截面积的 0.15% 设置。

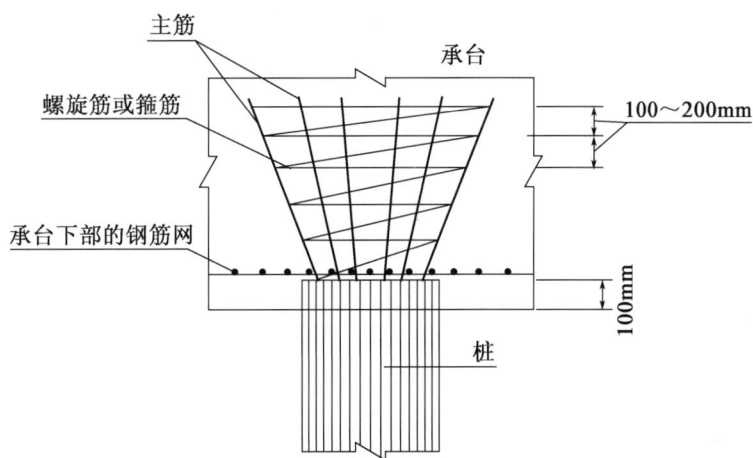

图 6-1 桩顶与承台的连接

6.2.8 为加强桩和承台的连接，本规范规定混凝土桩顶埋入承台内 100mm。

铰接结构构造复杂，且对桩顶抗腐蚀不利，工程中一般按固结连接设计。桩顶的锚固受力状态较为复杂，一般采用应力叠加的方法计算。桩顶锚固形式要满足下列要求：

桩顶固结连接时，需要承受桩顶弯矩、剪力和轴向力等作用，验收内容见表 6-1。

表 6-1 桩顶锚固验算项目

荷 载 情 况	固结连接方式	
	桩顶直接伸入承台	桩顶通过锚固件伸入承台
轴向压力	桩顶混凝土的挤压和冲切	
轴向拉力	桩顶锚固深度	锚固件的截面积、锚固长度和焊缝长度
水平剪力、弯矩	桩侧混凝土的挤压应力	桩侧混凝土的挤压和铁件应力

6.3 计算

6.3.1 从一些旧桥的开挖检验中，发现承台底面与地基土有脱离现象，故不考虑承台底面的地基土分担承台底面以上的竖直荷载。

桥台土压力一般按填土前的原地面起算，当有开挖时，由基坑底面起算。对老填土或冲积填土，原地面仍指填新土前的地面。当台前陡坎距离较近时，土压力按陡坎下地面起算；当先填土后施工桥台，且填土质量有充分保证时，土压力按填土后的地面起算。

6.3.2 桩穿过软土和软弱地基土层并达到坚实土层，桩侧软弱土层上有竖向荷载作用（如路基填土），导致桩周土层的压缩下沉量大于桩的竖向位移值（包括桩身压缩和桩端下沉），或土层中地下水位下降引起地面大面积下沉，而使土层的压缩下沉速度大于桩身的下沉速度，此时均需考虑压缩土层对桩身产生的负摩阻力。目前，国内外对负摩阻力的计算方法研究尚不够完善，计算方法较多且差异较大，而现场试验则投入大、周期长，因此，多根据有关资料按经验公式进行估算。本规范建议按以下方法计算单桩负摩阻力：

$$N_n = u \sum_{i=1}^{n} q_{ni} l_i \qquad (6\text{-}1)$$

$$q_{ni} = \beta \sigma_{vi}' \qquad (6\text{-}2)$$

式中：N_n——单桩负摩阻力（kN）；

u——桩身周长（m）；

l_i——中性点以上各土层的厚度（m），中性点深度 l_n 应按桩周土层沉降与桩沉降相等的条件确定，无法计算时，也可按表6-2确定；

q_{ni}——与 l_i 对应的各土层与桩侧负摩阻力计算值（kPa），当计算值大于正摩阻力时，取正摩阻力值；

β——负摩阻力系数，按表6-3取值；

σ_{vi}'——桩侧第 i 层土平均竖向有效应力（kPa），按式（6-3）计算；

$$\sigma_{vi}' = p + \gamma_i' \cdot z_i \qquad (6\text{-}3)$$

γ_i'——第 i 层土层底以上桩周土按厚度计算的加权平均浮重度；

z_i——自地面起算的第 i 层土中点深度；

p——地面均布荷载。

表 6-2　中性点深度 l_n

持力层性质	黏性土、粉土	中密以上砂	砾石、卵石	基岩
中性点深度比 l_n/l_0	0.5 ~ 0.6	0.7 ~ 0.8	0.9	1.0

注：1. l_n、l_0 分别为中性点深度和桩周沉降变形土层下限深度。

　　2. 桩穿越自重湿陷性黄土层时，按表列值增大10%（持力层为基岩除外）。

表 6-3　负摩阻力系数 β

土　类	β	土　类	β
饱和软土	0.15 ~ 0.25	砂土	0.35 ~ 0.50
黏性土、粉土	0.25 ~ 0.40	自重湿陷性黄土	0.20 ~ 0.35

注：1. 在同类土中，对于打入桩或沉管灌注桩，取表中较大值；对于钻（冲）挖孔灌注桩，取表中较小值。

　　2. 填土按其组成取表中同类土的较大值。

值得注意的是，按式（6-1）计算的单桩负摩阻力值不应大于单桩所分配的桩周下沉土重（以桩为中心，水平方向1/2桩间距、竖向 l_n 深度范围内土体的重力）。而对于群桩的负摩阻力问题，建议按照单桩负摩阻力计算方法进行群桩中任一单桩的下拉荷载计算。

在桩基设计中，可采用必要的措施（如预制桩表面涂沥青层等）来降低或消除负摩阻力。

6.3.3 支撑在土层中的钻（挖）孔桩单桩轴向受压承载力特征值计算公式 $R_a = \dfrac{1}{2} u$

$\sum_{i=1}^{n} q_{ik} l_i + A_p q_r$ 中，第一项是桩侧总摩阻力特征值，第二项是桩端总承载力特征值。

（1）关于桩侧土的摩阻力标准值 q_{ik}（kPa）。

土的分类按本规范第 4.1 节的规定取用，q_{ik} 值采用 2007 版规范数据。

（2）修正后的桩端土承载力特征值 q_r（kPa），见式（6-4）。

$$q_r = m_0 \lambda \left[f_{a0} + k_2 \gamma_2 (h - 3) \right] \qquad (6-4)$$

本规范 q_r 的计算公式仍沿用 2007 版规范的规定。

q_r 的上限值不是由公式计算得出的最大值，而是基于大量实测资料得到的。

当桩端持力层为黏性土时，未限制 q_r 的上限，因为从实测数据来看，部分试桩的测试结果要大于由公式计算得到的可能最大值。

当桩端持力层为砂土时，按照粉砂 1 000kPa，细砂 1 150kPa，中砂、粗砂、砾砂 1 450kPa 三个类别规定了 q_r 的上限。

当桩端持力层为碎石土时，取 2 750kPa 为 q_r 的上限。

当有可靠的试验结果表明 q_r 值超过上述规定值时，可按实测结果采用。

在表 6.3.3-3 及其注释中，调整 t_0/d 的比值和按桩径大小限制桩端沉淀土厚度，是考虑到施工水平提高的缘故。

（3）关于地面或局部冲刷线以下桩身自重问题，本规范推荐公式中的 q_{ik} 和 q_r 采用了 2007 版规范的数值和计算公式，这些值多数基于中小直径的中长、短桩静载试验而确定的。静载试验前桩身自重已在土中取得平衡，设计中不必计入桩身自重。但考虑到桩身自重与置换土重之差会引起沉降，为保证安全，将桩身自重与置换土重之差作为超载考虑。

《铁路桥涵地基和基础设计规范》（TB 10093—2017）、日本规范《道路橋示方書》和英国规范 *Code of practice for foundations*（BS 8004）也将桩入土部分由置换土体而增加的重力作为超载处理。

6.3.4 后压浆按压浆部位不同可分为桩端后压浆、桩侧后压浆以及桩端桩侧组合后压浆。

桩侧后压浆为桩身预埋管压浆。按压浆装置形式可分为：①沿钢筋笼纵向设置压浆花管方式；②根据桩径大小沿钢筋笼环向设置压浆花管方式；③沿钢筋笼纵向设置桩侧压力注浆器方式。

桩端后压浆浆液通过渗透（粗粒土）和劈裂（细粒土）形式在沉渣和桩端一定范围土体中扩散，从而起到加固作用。试验表明，浆液循桩侧泥皮和软弱扰动层向上扩散 10～12m 的高度（粗粒土取低值、细粒土取高值），对桩侧阻力起增强作用。这说明桩端压浆既增强端阻又使桩端以上一定范围的侧阻力得到增强。该现象通过开挖观察和桩身轴力测试均已得到证实。

本次规范修订过程中，统计了全国范围内 716 根后压浆试桩资料，经统计归纳得出表 6.3.4 中的增强系数。通过其中较为理想的 178 根后压浆试桩资料，根据第 6.3.4 条

的计算公式求得 $R_{a计}$，其中 q_{ik}、q_r 取勘察报告提供的经验值或本规范所列的经验值；侧阻力增强系数 β_{si}、端阻力增强系数 β_p 取表 6.3.4 所列的上限值。实测值 $R_{a实}$ 与计算值 $R_{a计}$ 散点图如图 6-2 所示。由图 6-2 可知，实测值基本位于 45°线及 45°线以上，即均高于或接近于计算值，表明后压浆灌注桩单桩轴向受压承载力特征值按第 6.3.4 条计算的可靠性是较高的。

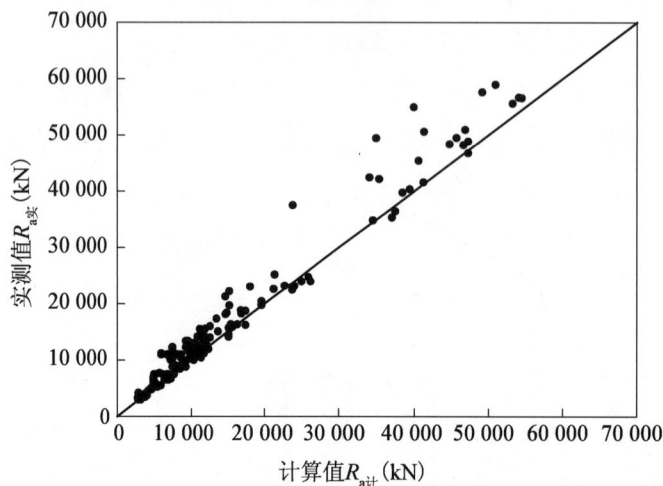

图 6-2　后压浆灌注桩单桩轴向受压承载力容许实测值与计算值关系曲线

后压浆桩应注重以下技术指标，从而保证后压浆对桩承载力的提高作用：①浆液水灰比；②桩端压浆终止压力；③持荷时间；④压浆流量；⑤压浆量。详见本规范附录 K。

6.3.5 根据近年来使用和测试结果，2007 版规范的沉桩承载力的计算与实际情况没有大的出入，对于开口管桩，为简化计算，引入桩端土塞效应系数。

敞口管桩的承载力机理与承载力随有关因素的变化比闭口管桩更为复杂。这是由于沉桩过程，桩端部分土涌入管内形成土塞。土塞的高度及闭塞效果随土性、管径、壁厚、桩进入持力层的深度等诸多因素变化，而桩端土的闭塞程度又直接影响桩的承载性状，称此为土塞效应。闭塞程度的不同导致端阻力以两种不同模式破坏。一种是土塞沿管内向上挤出，或由于土塞压缩量大而导致桩端土大量涌入。这种状态称为非完全闭塞，这种非完全闭塞将导致端阻力降低。另一种是如同闭口桩一样破坏，称其为完全闭塞。土塞的闭塞程度主要与桩端进入持力层的相对深度和桩径有关。

6.3.7 本规范给出的嵌岩桩（不包括强风化、全风化岩）单桩承载力一般由桩周土总侧阻力、嵌岩段总侧阻力和总端阻力三部分组成。

关于上覆土层侧阻力问题，以往有这样一种概念：凡嵌岩桩必为端承桩，凡端承桩均不考虑土层侧阻力。研究结果表明：随着上覆土层的性质和厚度的不同，嵌入基岩性质和深度的不同，以及桩端沉渣厚度不同，桩侧阻力、端阻力的发挥性状也不同。大量现场试验结果表明，一般情况下，即使桩端置于新鲜或微风化基岩中，上覆土层的侧阻力也是可以发挥的。

本条所述嵌岩桩指桩端嵌入中风化岩、微风化岩或新鲜岩，桩端岩体能取样进行单轴抗压强度试验的情况。对于桩端置于强风化岩中的嵌岩桩，由于强风化岩不能取样成型，其强度不能通过单轴抗压强度试验确定。这类强风化嵌岩段极限承载力参数标准值可根据岩体的风化程度按砂土、碎石类土取值，按支承在土层中的桩计算。

6.3.8 根据编写组的专题研究报告，嵌岩桩嵌入深度的计算公式在 $f_{rk} \geqslant 2\text{MPa}$ 时适用。公式按下列假定求得。

（1）嵌固段地层的侧壁应力呈直线变化。其中，基岩顶面（即嵌岩段顶面）和桩底地层的侧壁应力发挥一致，并等于侧壁容许应力；基岩顶面以下一定深度范围内侧壁应力假定相同，并设此等压段内的应力之和等于受荷段荷载。即桩在嵌固深度 h 范围内的应力图形，上部按梯形变化，下部按三角形变化，梯形中三角形与下部三角形相等（图 6-3）。

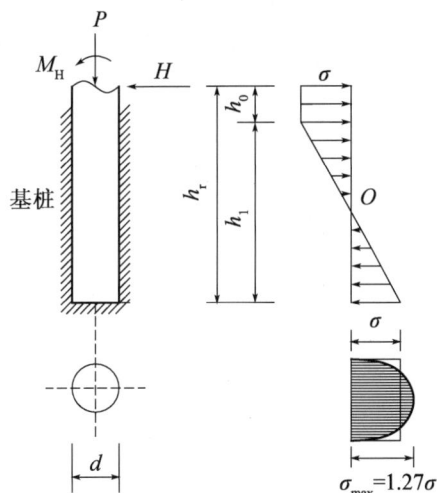

图 6-3 桩侧压力分布示意

（2）桩侧压力的分布，对于矩形桩，假定最大压力 σ_{max} 等于平均压应力 σ；对于圆形桩，假定最大压力 σ_{max} 等于平均压应力 σ 的 1.27 倍。

（3）同土层相比较，假定嵌岩桩为刚性的。

（4）忽略桩与周围岩、土间的摩擦力和黏着力。

1. 矩形桩

对于矩形桩，根据以上假设可得：

$$\begin{cases} \sum H_{水平} = 0 \\ H = \sigma h_0 b \end{cases} \tag{6-5}$$

$$\begin{cases} \sum M_O = 0 \\ H\left(h_0 + \dfrac{h_1}{2}\right) + M_H = \sigma h_0 b\left(\dfrac{h_0}{2} + \dfrac{h_1}{2}\right) + \dfrac{1}{6}\sigma b h_1^2 \end{cases} \tag{6-6}$$

$$h_r = h_0 + h_1 \tag{6-7}$$

$$\sigma_{max} = 0.5\beta f_{rk} \tag{6-8}$$

联立上式，可得：

$$h_0 = \frac{H}{\sigma b} \tag{6-9}$$

$$h_1 = h_r - h_0 = h_r - \frac{H}{\sigma b} \tag{6-10}$$

将 h_0，h_1 代入公式（6-6）可得：

$$H\left(\frac{H}{\sigma b} + \frac{h_r}{2} - \frac{H}{2\sigma b}\right) + M_H = H\left(\frac{H}{2\sigma b} + \frac{h_r}{2} - \frac{H}{2\sigma b}\right) + \frac{1}{6}\sigma b\left(h_r - \frac{H}{\sigma b}\right)^2 \tag{6-11}$$

化简得：

$$\sigma^2 b^2 h_r^2 - 2h_r \sigma b H - 2H^2 - 6\sigma b M_H = 0 \tag{6-12}$$

对于矩形桩，$\sigma = \sigma_{max} = 0.5\beta f_{rk}$。

求解关于 h_r 的二元一次方程可求得最小嵌岩深度为：

$$h_r = \frac{2\sigma bH + \sqrt{4\sigma^2 b^2 H^2 + 8\sigma^2 b^2 H^2 + 24\sigma^3 b^3 M_H}}{2\sigma^2 b^2}$$

$$= \frac{H + \sqrt{3\beta f_{rk} b M_H + 3H^2}}{0.5\beta f_{rk} b} \tag{6-13}$$

式中：H——基岩顶面处的水平力（kN）；

$\quad M_H$——基岩顶面处的弯矩（kN·m）；

$\quad h_r$——嵌固深度（m）；

$\quad h_0$——嵌固段岩层达容许应力时的厚度（m）；

$\quad h_1$——嵌固段地层弹性区厚度（m）；

$\quad b$——垂直于弯矩的平面桩边长（m）；

σ_{max}——桩侧最大压应力（kPa）；

$\quad \beta$——岩石的垂直抗压强度换算为水平抗压强度的折减系数，取 0.5～1.0，根据岩层侧面构造确定，节理发达的岩石取小值，节理不发达的岩石取大值；

$\quad f_{rk}$——岩石饱和单轴抗压强度标准值（kPa）。

2. 圆形桩

对于圆形桩，除 σ_{max} 等于桩侧平均压应力 σ 的 1.27 倍外，其余假定均与方形桩相同。

同样可求得圆形桩的最小嵌岩深度：

$$h_r = \frac{1.27H + \sqrt{3.81\beta f_{rk} d M_H + 4.84H^2}}{0.5\beta f_{rk} d} \tag{6-14}$$

式中：d——桩身直径（m）。

嵌岩桩嵌岩深度一般不大于表 6-4 给出的嵌岩深度推荐值上限。

表 6-4　嵌岩桩嵌岩深度推荐值

岩石坚硬程度类别	嵌岩深度范围推荐值
极软岩	钻孔桩：$6d \sim 9d$
	挖孔桩：$3d \sim 5d$
软岩	$4d \sim 5d$
较软岩	$3d \sim 4d$
较硬岩	$2d \sim 3d$

嵌岩深度影响嵌岩桩承载力的发挥规律，具体可概括为：

（1）嵌岩深度影响嵌岩段桩侧阻力的分布。在一般荷载作用下，嵌岩段侧阻力的非线性分布现象比较突出，一般呈现双峰曲线。在嵌岩深度较小时，嵌岩段侧阻力的非线性分布现象尤为明显；当嵌岩深度较大时，下部峰值会逐渐退化。一般上部侧阻力峰值大于下部侧阻力峰值，随着嵌岩深度比的增大，侧阻力的最大峰值有向下移动的趋势。

（2）随着嵌岩比的增大，桩端阻力会明显下降，即桩端阻力分担桩顶荷载的比例随着嵌岩比的增大而减小，对于硬质嵌岩桩来说下降的趋势更为明显。

通过统计整理 120 根嵌岩桩的静载荷试验资料，本规范着重分析了当桩端持力岩石的强度不同时，嵌岩桩的承载特性，结论如下：

①桩端持力层岩石为极软岩（$f_{rk} \leqslant 5\text{MPa}$）时，综合考虑工程实际情况、承载力、经济、施工等多方面的因素，嵌岩桩的最大嵌岩深度一般超过 $7d \sim 12d$，个别特殊情况可以取到 $10d \sim 15d$；钻孔嵌岩桩最佳嵌岩深度推荐为 $6d \sim 9d$，挖孔嵌岩桩最佳嵌岩深度推荐为 $3d \sim 5d$。

②桩端持力层岩石为软岩（$5\text{MPa} < f_{rk} \leqslant 15\text{MPa}$）时，嵌岩桩的最大嵌岩深度一般超过 $5d \sim 10d$，最佳嵌岩深度推荐为 $4d \sim 5d$。

③桩端持力层岩石为较软岩（$15\text{MPa} < f_{rk} \leqslant 30\text{MPa}$）时，嵌岩桩的最大嵌岩深度一般超过 $5d \sim 7d$，最佳嵌岩深度推荐为 $3d \sim 4d$。

④桩端持力层岩石为较硬岩（$30\text{MPa} < f_{rk} \leqslant 60\text{MPa}$）时，嵌岩桩的最大嵌岩深度一般超过 $4d \sim 5d$，最佳嵌岩深度推荐为 $2d \sim 3d$。

6.3.9　由试验得知，当桩上拔时，桩四周的土能较自由的向上凸起；而桩受压时桩四周的土互相挤压，下沉比较困难。因此，两者摩阻力不同，拔桩时土对桩侧的摩阻力比桩下沉时的摩阻力要小得多。国内外的研究结果表明，对于黏性土和粉土，拔桩时土的摩阻力等于桩受轴向压力时摩阻力的 $0.6 \sim 0.8$ 倍；对于砂土，拔桩时土的摩阻力等于桩受轴向压力时摩阻力的 $0.5 \sim 0.7$ 倍。安全起见，统一取为 0.6 倍；考虑安全系数后，本规范式（6.3.9）的系数取为 0.3。

对于扩底桩，桩长与桩径之比 $\sum l_i / d \leqslant 5$ 时，桩（土）自重可取扩大端圆柱体投影面形成的桩（土）的自重。这时破坏体周长为 πD，单桩的抗拔极限侧阻力标准值仍取桩侧表面土的标准值。

对于 $\sum l_i / d > 5$ 的扩底桩，其抗拔破坏模式受土的压缩性影响，桩上段的剪切面将转变为发生于桩土界面，即破坏柱体直径由 D 减小为 d，因此其剪切面周长以 $\sum l_i / d = 5$ 为界分段计算。

6.3.10 桩在水平荷载作用下的内力计算有 m 法、常数法、c 法、k 法等，大量试验和大量工程实践表明 m 法较为适用，其地面位移不宜超过 10mm。在水深流急的情况下，桩承受水平力作用，一般地面处的位移通常大于 10mm，属非线性。考虑到 m 法已为广大工程技术人员所熟知，又有现成的无量纲系数表，且当作用于桩上的水平荷载较小或桩在地面处的位移不超过 10mm 时，m 法偏差较小，使用又较方便，故仍采用 m 法。重大工程可采用 p-y 曲线法。

钢管混凝土组合桩的竖向承载力由钢管段和混凝土段组成，两段的承载力可分别按照钢管桩和灌注桩的承载力计算公式进行计算。

在钢管混凝土组合桩的外部强度、内部强度和沉降变形三种控制中，钢管混凝土组合桩竖向极限承载力由桩的外部强度控制标准控制；内部强度控制标准确定的极限承载力偏大，偏不安全。钢管混凝土组合桩单桩竖向极限承载力设计按外部强度控制标准进行并依据现行相关桩基规范进行承载力、沉降变形和桩身强度等相关方面的设计与验算。钢管混凝土组合桩弹性内力和位移计算根据经验或试验确定。当缺少技术资料时按照刚度叠加原理计算其桩身刚度。

整体计算时钢管混凝土组合桩水平刚度由钢管及混凝土叠加，内力分配时将钢管等效为钢筋计算。因为反映组合效果的公式太复杂，所以取最保守值，这样偏安全。

6.3.11 群桩的破坏形式可能是整体破坏，也可能是单桩刺入破坏。整体破坏时，将群桩作为整体基础验算桩端平面处土的承载力，验算方法参照本规范附录 N。单桩刺入破坏应按单桩承载力考虑。

6.3.12 桩身压缩量按实际摩阻力分布计算。当缺乏相关资料时，按下式估算：

$$桩身压缩量 \approx \frac{Pl}{2EA_p} \tag{6-15}$$

式中：P——桩顶荷载（kN）；

l——桩长（mm）；

E——桩身混凝土抗压弹性模量（kN/mm²）；

A_p——桩身截面面积（mm²）。

7 沉井基础

7.1 一般规定

7.1.1 沉井在深基础施工中具有很多优点，如技术上比较稳妥可靠、施工操作简便等。同时，由于沉井基础埋置较深，稳定性好，能支承较大荷载。当沉井遇有孤石、树干或老桥基等难以清除的障碍物时，将大幅增加下沉难度。此外，当河床覆盖层下如遇有倾斜较大的、需要作为持力层的岩层，也会增加沉井的施工难度，故上述情况下尽量避免采用沉井基础。

7.1.2 沉井材质可根据土质软硬采用配以构造钢筋的混凝土、钢筋混凝土和钢材等。表 7-1 统计了近年来部分国内大型桥梁沉井材料。从统计结果可看出，我国近年来修建的大型桥梁沉井材料主要以钢筋混凝土和钢壳混凝土为主。

表 7-1 部分大型桥梁沉井材质统计

工 程 名 称	平面尺寸	总高度（m）	每 节 高 度	材 质
南京四桥北锚碇	69m×58m	52.8	第一节高 6m；第二至十节高 5m；最后一节 1.8m	第一节为 Q235B 钢壳混凝土，其他节为钢筋混凝土
马鞍山大桥锚碇	60.2m×55.4m	48	第一节高 8m；第二至七高 5m；第八节 5.5m；第九节高 4.5m	第一节为 Q235B 钢壳混凝土，其他节为钢筋混凝土
泰州大桥中塔沉井	58m×44m	76	第一节高 8m；第二至十三节高 6m；第十四节高 8m	第一节至第七节为 Q235B 钢壳混凝土，其他节为钢筋混凝土
泰州大桥北锚碇沉井	67.9m×52m	57	第一节高 8m；第十节高 4m；其余节高 5m	第一节为 Q235B 钢壳混凝土，其他节为钢筋混凝土
江阴大桥锚碇沉井	69.2m×51.2m	58	第一节高 8m；第二至十节高 5m	第一节为 Q235B 钢壳混凝土，其他节为钢筋混凝土
鹦鹉洲大桥锚碇沉井	外径 66m 内径 41.4m	43	第一节高 6m；第二至六节高 5m；第七、八节高 6m	第一节为钢壳混凝土，其他节为钢筋混凝土
铜陵长江公铁两用桥 3 号主墩	62m×38m	68	第一节高 9.5m；第二节至第五节高 7.5m；第六节高 10.5m；第七节至第十节高 4m；第十一节高 2m	底部 50m 为钢壳混凝土，顶部 18m 为钢筋混凝土
沪通大桥中塔 29 号沉井	86.9m×58.7m	115	标准节段高 6m；底节高 8m	底部 50m 为 Q235B 钢壳混凝土，其余范围为钢筋混凝土

7.1.3 沉井是一种直接设置在天然地基上的墩台基础，故其埋深需要符合浅基础的相关规定。

7.1.4 沉井作为结构构件，在施工和使用阶段都要满足相关的结构验算规定。

7.2 构造

7.2.1 沉井平面形状有圆形、圆端形、矩形等。在水流冲刷大的河床上，需考虑阻水较小的截面形式。桥梁基础采用圆端形或长方形时，为保持其下沉的稳定性，长边与短边需要采用适宜的比值。

沉井棱角处做成圆角或钝角，旨在保证沉井在平面框架受力状态下受力均匀，减少井壁摩擦面积，避免形成死角。

7.2.2 沉井一般分节下沉，考虑到大型沉井的刚度要求，取消了节高不宜高于 5m 的规定。

沉井外壁可做成柱形、阶梯形、锥形。

7.2.3 沉井井壁的厚度与下沉深度、土的摩阻力及施工方法有密切关系。根据大型沉井设计实例，可适当增加井壁厚度上限。

7.2.4 为便于开挖，沉井刃脚斜面在强度满足受弯和受剪的前提下，尽量做得陡些，因此，本条规定斜面与水平面交角不应小于45°。

本条规定沉井内隔墙底面比刃脚底面至少高出0.5m，是为了减少下沉时的阻力。

在倾斜的岩面上使用高低刃脚沉井时，必须有足够的钻探资料，确切掌握岩面的高低变化，使刃脚做成与岩面倾斜度相适应的台阶或斜坡形，以使刃脚嵌入岩层，便于取土清基而不致翻砂。

7.2.5 《公路钢筋混凝土及预应力混凝土桥涵设计规范》（JTG 3362—2018）第9.1.12 条规定，偏心受压构件最小配筋率为 0.5%，受弯构件最小配筋率为 $(45f_{td}/f_{td})\%$ 且不小于0.2%，与《公路钢筋混凝土及预应力混凝土桥涵设计规范》（JTG D62—2004）一致，比该规范更早版本有所提高。本规范沿用 2007 版规范沉井配筋率不应小于0.1%的规定。对于沉井底节（包括刃脚），刃脚受力难以准确计算，因此，最小配筋率不宜过小。对于薄壁沉井，仍采用较大的配筋率，不能仅满足于最小限值。对于钢壳混凝土沉井，最小配筋率可取0.05%，可按钢筋混凝土结构也可按钢筋混凝土组合结构计算。

7.2.6 根据近年来工程实际应用情况，本规范将 2007 版规范规定的沉井刃脚和井身混凝土强度等级要求分别提高为 C30 和 C25。

7.3 计算

7.3.1 沉井作为整体基础来计算时，可先根据荷载、水文地质条件及各土层的工程特性等初步确定沉井的形状和尺寸，再验算相应承载力、偏心距、滑动及倾覆稳定等是否满足设计要求。计算时可考虑扣除冲刷后土对井壁约束作用。

7.3.2 沉井下沉是靠在井孔内不断取土，在沉井重力作用下克服四周井壁与土的摩阻力和刃脚底面土的阻力而实现的，因此在设计时需首先确定沉井在自身重力作用下是否有足够的重力使沉井顺利下沉。当沉井刃脚、隔墙和底梁下土被掏空后，沉井仅受侧壁土的摩阻力作用，式（7.3.2-1）即为该工况时沉井的下沉系数。

沉井下沉过程中除了要保证顺利下沉，还需保证沉井的稳定性，避免下沉过程中沉井底部土体发生强度破坏，因此采用式（7.3.2-3）验算下沉过程中的稳定性是必要的。

7.3.5 对于跨越海湾或海峡的桥梁，台风、波浪、海流具有强烈的耦合性，最不利工况需要考虑风-浪-流耦合效应对沉井结构的影响，对沉井施工期和运营期进行验算。

7.3.6 沉井作为桥梁基础，其封底混凝土底部除承受水压力外，还承受沉井基础全部荷载所产生的向上地基土反力。封底后需要抽水施工时，如因混凝土的龄期不足而未达到设计强度，就需要考虑降低混凝土的强度等级，按抽水时封底混凝土的实际强度等级计算。封底后井孔内如填充砂、石等散粒体材料，有利于改善使用阶段封底混凝土的受力，从经济性考虑，承受的基底反力扣除填充物的重力作用是可行的。

7.3.7 规定沉井倾斜角不应大于 6°是为了保证浮式沉井的稳定性，不致产生施工不安全感。浮式沉井的稳定性验算参考现行《公路桥涵施工技术规范》（JTG/T F50）。

8 地下连续墙

8.1 一般规定

8.1.1 地下连续墙技术是近几十年内发展起来的一种地下工程新技术，20 世纪 20 年代初起源于德国，50～60 年代先后在意大利、法国、日本等国得到迅速发展，50 年代末期传入我国。在各国均是首先应用在水利水电工程中，之后逐渐推广到建筑、市政、交通、矿山、铁道等行业。地下连续墙发展初期仅作为施工时承受水平荷载的挡土墙或防渗墙来使用，随后建筑、地铁等行业逐渐把地下连续墙用作高层建筑的地下室、地下停车场以及地铁等构筑物的外墙结构，承担部分或全部的构筑物竖向荷载。近年来，地下连续墙在公路行业也得到了越来越多的应用，主要用作悬索桥重力式锚碇基坑的施工支护结构，同时也兼作基础的一部分参与使用阶段受力，如广东虎门大桥西锚碇采用圆形地下连续墙、江苏润扬长江大桥北锚碇采用矩形地下连续墙、武汉阳逻长江大桥南锚碇及广州珠江黄浦大桥采用圆形地下连续墙、南京长江四桥采用带隔墙相交双圆形（平面"∞"形）地下连续墙等。将地下连续墙完全用作桥梁基础结构，在国外特别在日本应用较广泛，在国内尚处于探索研究及尝试性应用阶段，但发展潜力很大。本章对地下连续墙的总结已有经验，力求使地下连续墙支护结构和基础结构设计安全、经济、合理。

地下连续墙的概念、作用及分类是随着自身的应用发展而不断变化的。本规范中，地下连续墙主要用作桥梁基坑支护结构或桥梁基础，其范围有所限制，主要体现在：①墙体截面形式为"板墙式"，不包括"排桩式"（如江苏润扬大桥南锚碇所采用的"人工冻土壁 + 地下连续排桩"支护结构形式）。地下连续排桩支护结构的设计可以参照直线形地下连续墙支护结构使用；②必须进行挖槽施工，不包括原位搅拌工法做成的地下连续墙（如水泥固化土）；③墙体为现浇钢筋混凝土，不包括塑性混凝土、固化灰浆、自硬泥浆、预应力混凝土、钢制地连墙及预制墙体等。

8.1.5 地下连续墙设计对施工质量的检测要求主要包括对材料、钢筋笼制作、混凝土配制和灌注、预埋件设置、槽段侧面平整性和竖直度、槽段接缝质量、墙体混凝土完整性等进行检查或检测。

地下连续墙设计对环境检测的要求主要包括：支护结构施工过程中，对基坑、支护结构和周围环境进行观察和监测，出现异常情况时采取措施。对地下连续墙基础在施工和使用期间进行变形观测，对于应用在重要桥梁锚碇基础的地下连续墙还包括进行长期变形监测工作，及时掌握地下连续墙基础在使用期间的变形特征。

现场墙体荷载试验通常在必须准确评价地下连续墙基础的承载能力或变形特性时开展。

8.2 支护结构

8.2.1 基坑支护结构设计在强度、稳定和变形方面的计算要求主要包括：

（1）强度：支护结构，包括墙体、内支撑体系或锚杆（锚索）的强度需满足构件承载力设计的要求。

（2）稳定：指基坑周围土体及支护结构的稳定性，即不发生土体的滑动破坏和因渗流造成流砂、流土、管涌以及支护结构、内支撑体系的失稳。

（3）变形：因基坑开挖造成的地层移动及地下水位变化引起的地面变形，不超过基坑周围建筑物、地下设施的允许变形值，不影响地下结构的施工。

8.2.2 直线形地下连续墙支护结构的支承系统包括内支撑（如撑杆、水平支架）和土层锚杆（锚索）等，圆形地下连续墙支护结构的支承系统包括内环梁（含竖肋）、内衬等。

8.2.3 安全等级为一、二级的基坑变形影响基坑支护结构的正常使用功能，但目前还不能给出变形限值的具体数值，各地区可以根据工程周边环境等因素确定。

8.2.4 为了基坑的安全施工和坑底周围土体的稳定，地下连续墙要求插入基坑开挖面以下土中一定深度（又称嵌入深度）。一般采用极限平衡法计算初步确定后进行稳定性和墙体变形验算，再结合地区工程经验综合确定。

8.2.7 本条是对构造的规定，说明如下：

1 地下连续墙成槽有多种工艺，可以用挖掘机、铣槽机等。根据以往设计经验，并考虑实施的可行性和合理性，规定最小厚度不宜小于600mm。最大厚度主要受制于成槽机械的能力，我国目前最大成槽厚度为1 500mm，在武汉阳逻大桥和南京长江四桥地下连续墙基础中得到应用。

地下连续墙成槽竖直度直接关系到墙体厚度的计算取用值，特别是圆形地下连续墙；同时，还关系到墙体的防渗效果，并影响接头构造的施工。地下连续墙成槽竖直度与成槽设备、槽深、工艺技术及管理水平密切相关，一般情况下，都能达到不大于1/100。武汉阳逻大桥南锚碇地下连续墙最大墙深60m，设计要求不大于1/300，实际施工均达到要求，一些槽段甚至达到1/450～1/500。根据国内技术水平现状，本条规定地下连续墙成槽竖直度不应大于1/200，是比较切合实际的。

3 考虑地下连续墙施工精度较难控制，且直接接触土体浇筑，为增加结构的耐久性，规定了主筋净保护层厚度。对于 L 形、T 形、Y 形、多边形钢筋笼，护壁泥浆浓度较大，以及有侵蚀性水质或海水时，需适当加大保护层厚度。

4 墙段接头是地下连续墙设计与施工的关键。接头类型按使用材料可分为：钢管、钢板、钢筋、型钢和铸钢、预制混凝土、人造纤维布和橡胶等；从构造形式和施工方法可分为：钻凿式、接头管、接头箱、隔板式、软接头、预制混凝土构件等；按受力可分为：仅起止水防渗作用的非受力接头、能承受剪力的铰接接头、能承受弯矩和剪力的刚性接头。接头类型的选择需满足结构受力和施工的要求。图 8-1a）~h）列出了常见的几种接头形式。接头管接头技术成熟，一般情况下均可采用。

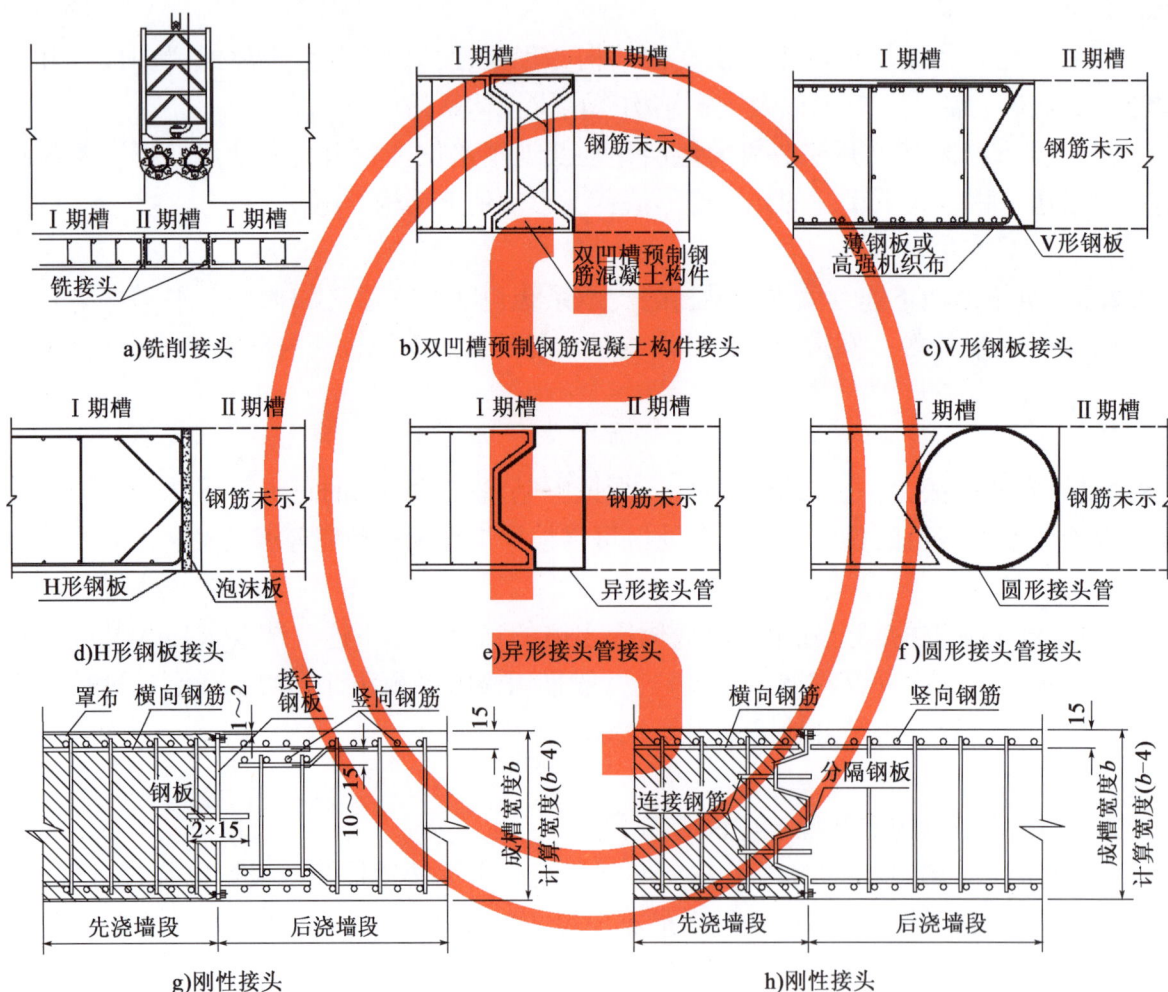

图 8-1 几种接头形式示意（尺寸单位：cm）

5 钢筋笼的竖向分段主要取决于起吊能力。考虑接头位置可能形成构造的薄弱环节，为保证安全，要求接头位置选在受力较小处，并尽量相互错开。

8.2.10 由于黏性土渗透性弱，地下水对土颗粒不易形成浮力，故有经验时，可采用饱和重度，用总应力强度指标水、土合算，其计算结果中已包括了水压力的作用。但当支护结构与周围土层之间能形成水头时，仍需单独考虑水压力的作用。对地下水位以下的粉土、砂土、碎石土，由于其渗透性强，地下水对土颗粒形成浮力，故采用水、土分算。水压力按静水压力计算，有经验时也考虑渗流作用对水压力的影响。

8.2.12 本条主要规定了直线形地下连续墙支护结构计算要求。说明如下：

1　支护结构和土体的稳定性包括抗倾覆稳定性（地下连续墙嵌固稳定性）、整体抗滑移稳定性、坑底抗隆起稳定、地下水抗渗流稳定性和抗突涌稳定性等，这些内容属基坑工程设计的基本内容，均有成熟的计算方法，不作为本规范的主要关注内容，可按照现行《建筑地基基础设计规范》（GB 50007）的有关规定执行。

2　目前我国支护结构设计中常用的方法可分为弹性地基梁法及极限平衡法。弹性地基梁法能较好地反映基坑施工过程中各种工况和复杂情况对支护结构受力的影响，当嵌固深度合理，根据试验数据或当地经验确定弹性支点刚度时，用该法确定支护结构内力及变形较为合理。考虑到现在计算手段均能保证，故采用弹性地基梁法进行支护结构计算。

8.2.13 地下连续墙竖向轴力主要包括墙体及内支撑的自重，因此墙体按偏心受压构件计算。但一般情况下该竖向轴力较小，因此有时偏于安全考虑可按受弯构件计算。但当轴向力较大时则按偏心受压构件计算。

8.2.14 圆形地下连续墙支护结构受力不同于直线形地下连续墙，在结构受力机理上具有明显的空间性，故按空间结构计算。但墙体、内环梁或内衬的环向效应、水土压力不均匀分布及程度能较准确把握时，按轴对称结构取单位宽度的墙体作为竖向弹性地基梁计算是一种简洁、直观的方法。其计算原理和方法与直线形地下连续墙相同，不同之处在于圆形地下连续墙需考虑墙体、内环梁或内衬的环向效应支承刚度。

内环梁或内衬可按平面内的钢架环形梁计算。荷载作用的不均匀性对内环梁或内衬的内力及变形计算影响很大，需充分研究并准确掌握。缺乏资料时，荷载作用的不均匀系数可取 1.1～1.2，安全起见，按沿对角象限分布进行计算。圆环向外侧变形区域的土体对内环梁或内衬的约束作用可通过在外侧设置水平径向弹簧来模拟。

8.3　基础

8.3.1 地下连续墙基础根据墙段单元之间的连接组合、平面布置以及使用功能可分为条壁式地下连续墙基础、井筒式地下连续墙基础、部分地下连续墙基础。

1. 条壁式地下连续墙基础

由平面长度不小于 2.5 倍宽度的一个或多个墙段单元组成的分离或连接组合但不封闭的地下连续墙基础，可分为下列类型：

（1）单壁式：地下连续墙的一个单体构成一个基础 ［图 8-2a)］。单壁式地下连续墙相当于一个异形灌注桩（矩形桩）。可以不设置顶板。

（2）平行复壁式：2个或多个地下连续墙单体在平面内分离并平行布置，通过顶板相连构成基础［图8-2b)］。其平行桥轴和垂直桥轴两个方向刚度差别较大。

（3）自由复壁式：2个或多个地下连续墙单体在平面内分散布置，通过顶板相连构成基础［图7-3c)］。根据荷载作用方向，可自由布置。

（4）组合复壁式：2个或多个地下连续墙单体在平面内连接组合并通过顶板相连而成的地下连续墙基础，可分为T形、十形、H形、工形、辐射形等［图8-2d)～h)］。

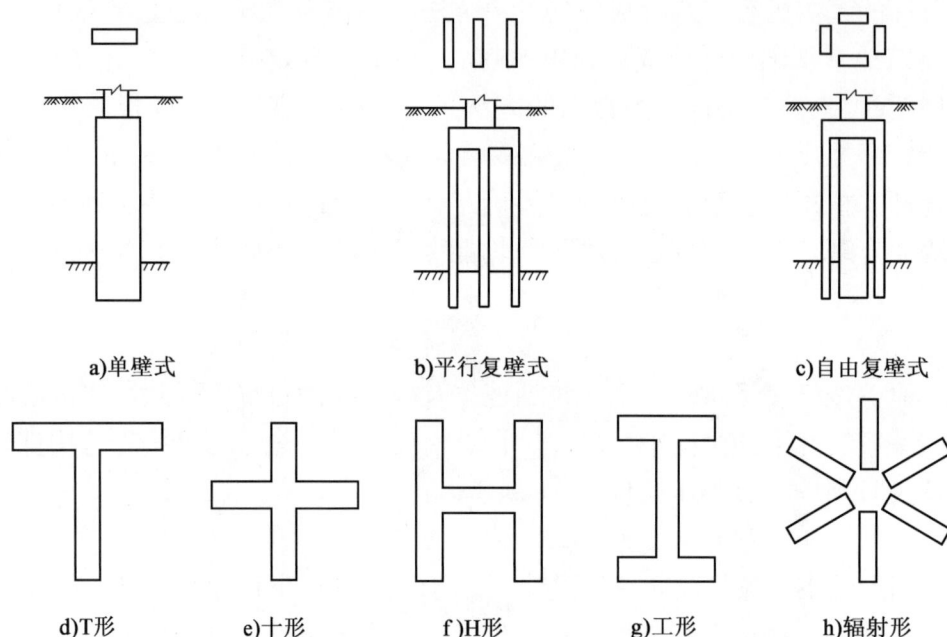

a)单壁式　　　　b)平行复壁式　　　　c)自由复壁式

d)T形　　e)十形　　f)H形　　g)工形　　h)辐射形

图8-2　条壁式地下连续墙基础类型

2. 井筒式地下连续墙基础

由多个墙段单元相互刚性连接或外周墙刚性连接，内隔墙铰接组成平面封闭断面，并通过顶板相连而成的地下连续墙基础，可分单室型和多室型两种类型［图8-3a)、图8-3b)］。

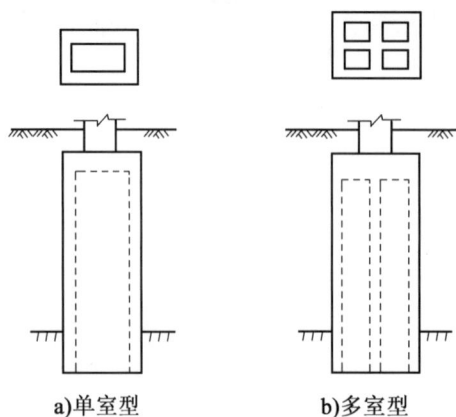

a)单室型　　　　　　b)多室型

图8-3　井筒式地下连续墙基础类型

3. 部分地下连续墙基础

以地下连续墙作为基坑开挖支护结构，内部土体开挖到要求的深度后，在基坑内部构筑钢筋混凝土结构而形成的基础形式，地下连续墙作为基础结构的一部分参与承担上部结构荷载作用。根据地下连续墙平面布置可分为矩形［图8-4a)］、圆形［图8-4b)］或复合异形等形式。

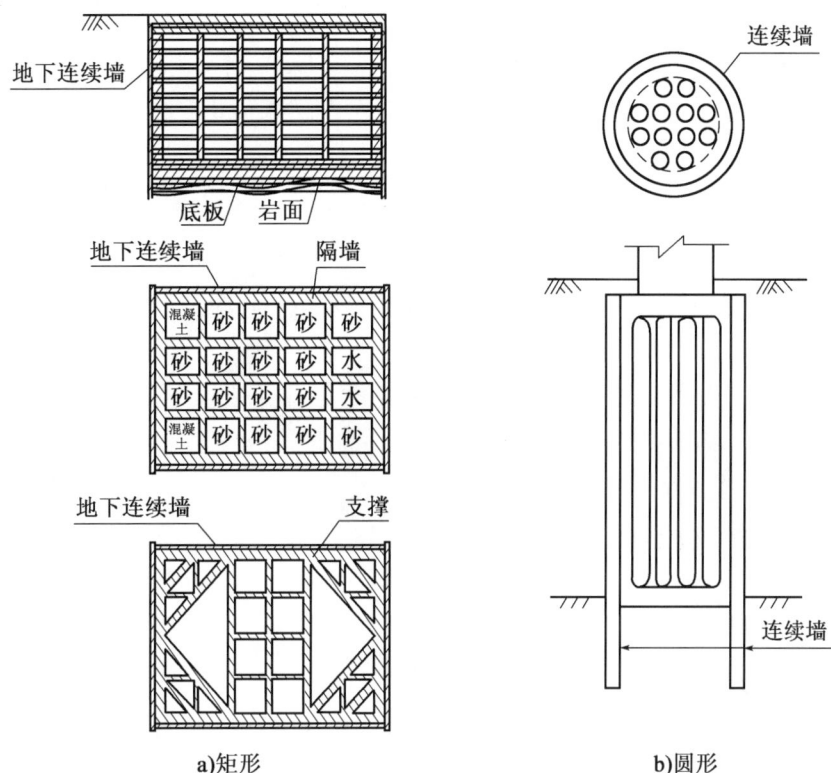

图 8-4 部分地下连续墙基础类型

8.3.2 地下连续墙基础竖向承载力主要由墙体侧壁摩擦力和墙端支承力组成。当持力层为非岩石地基时，增加墙体深度能较快地增加侧壁摩擦力和墙端支承力，比增大平面规模更具经济性，且施工也较易实现，因此，本条规定优先考虑增加墙体的埋置深度以提高竖向承载力。

8.3.3 地下连续墙基础平面布置灵活多样。井筒式地下连续墙基础槽段平面布置可做成一室断面、二室断面、多室断面。

8.3.4 地基承载力计算是地下连续墙基础结构设计的重要内容。目前国内经验较少，设计者可参考相关资料设计。条壁式地下连续墙基础的竖向地基承载力可参照桩基础计算。井筒式地下连续墙基础的地基承载力计算包括基底竖向承载力、基础正面地基水平承载力、基础侧面地基水平剪切承载力、基底地基剪切承载力等；其竖向承载力考虑基底地基的竖向地基反力、基础外周面的竖向侧壁摩擦力及内部土的四周面摩擦力；基底地基剪切承载力需考虑基础本体与地基之间的摩擦力、内部土体间的摩擦力。

8.3.7 本条为基础构造的规定，说明如下：

2 基础作为重要受力部件，需具有一定的承载能力，因此对其最小厚度作了规定。根据日本经验，取最小厚度为 800mm。

考虑施工过程及泥浆影响，墙厚可分为成槽厚度、设计厚度和有效厚度。成槽厚度为挖掘机或铣槽机成槽实际尺寸；有效厚度是设计厚度减去泥膜厚度，一般取两侧各20mm 共 40mm。在进行稳定性计算时采用设计厚度，在截面验算时采用有效厚度。

井筒式地下连续墙基础单室宽度过小则施工困难，过大则经济性差，借鉴日本经验，本款规定单室最小宽度不小于 5m，单室最大宽度不大于 10m。

地下连续墙成槽机械台班费用高。在最大程度上发挥成槽机械工作效率，同时从减少施工工艺转换、方便施工的角度出发，要求井筒式地下连续墙基础的外周墙和隔墙尽量采用相同厚度。

3 顶板相当于钻孔灌注桩的承台，将地下连续墙各墙段连成整体共同受力。因此，对于由多个墙段组成的非单壁式地下连续墙基础顶部要求设置顶板，并需具有足够刚度。

地下连续墙需与顶板形成一个整体，同桩基础一样，墙体需进入顶板，其钢筋也需伸入顶板一定长度。借鉴日本经验，本款规定了墙体进入顶板和钢筋伸入顶板内的长度。

5 井筒式地下连续墙基础作为整体基础须具有较大的整体刚度。外周墙直接承受外侧的水土压力，内部产生较大的弯矩和剪力，因此采用刚性接头。内隔墙作为外周墙的支承，主要承受轴力，因此可以采用不能承受弯矩的铰接接头，但尽量采用刚性接头，以增加基础的整体刚度。

8.3.8 地下连续墙基础结构受力计算需考虑土体与结构的共同作用，受力比较复杂，目前国内尚缺乏系统的理论分析及试验研究，因此，设计时可参考有关资料或根据经验采用可靠的方法按空间结构进行计算分析。

9 特殊地基和基础

9.1 软弱地基

9.1.1~9.1.2 浅基础软弱地基承载力不足或沉降量大于容许沉降量时，要采取人工加固处理措施，这种处理后的地基也称为人工地基。

软土或软弱地基一般指抗剪强度较低、天然含水率高、天然孔隙比大、压缩性较高、渗透性较小的淤泥、淤泥质土、冲填土、素填土、杂填土、饱和软黏土以及其他高压缩性土层。

在软土或软弱地基上修建建筑物，必须重视地基的变形和稳定问题。普通浅基础下的软土或软弱地基，容许承载力约为 60~80kPa，如果不作任何处理，一般不能满足荷载对地基的要求。地基处理的方法很多，公路桥梁上较常用的有砂砾垫层、砂石桩、预压砂井，本规范按 2007 版规范所列内容，根据近期发展进行调整，其他方法可参照《建筑地基处理技术规范》(JGJ 79—2012)。

9.1.3 砂砾垫层材料既要就地取材，同时又要符合强度要求。

9.1.4 本规定来源于《建筑地基处理技术规范》(JGJ 79—2012) 有关规定。

9.1.9~9.1.10 预压法分为加载预压法和真空预压法两类，适用于处理淤泥质土、淤泥和冲填土等饱和黏土性地基。预压法的缺点是加载预压需要大量的堆载和很长的排水固结时间，所以常在地基中打入砂井，然后进行加载预压，即砂井（加载）预压法。砂井的作用是缩短软土中的排水距离，土中水通过砂井顶部的砂垫层或排水沟排走，使软土中的孔隙水压力得以快速消散，从而加速地基固结，地基强度迅速提高。

9.2 湿陷性黄土地基

黄土（原生黄土和次生黄土的统称）在我国特别发育，地层全、厚度大，从东至西分布在黑龙江、吉林、辽宁、内蒙古、山东、河北、河南、山西、陕西、甘肃、宁夏和新疆等地，大致以昆仑山、祁连山、秦岭为界（其南很少，分布零星）。我国黄土地区面积约 64 万 km^2。在平坦的黄土地区，黄土有湿陷性和地裂缝问题；在斜坡黄土地区，黄土有黄土滑坡、黄土崩塌和黄土滑塌问题。所以，黄土地区的工程地质问题需要高度重视。2007 版规范第 4.6 节对黄土地基的处理进行了规定，现根据国内有关黄土的相关成果，予以修订。

主要参考资料包括：

（1）《铁路桥涵地基和基础设计规范》（TB 10093—2017）；

（2）《公路地基处理设计施工实用技术》（张留俊等编著，人民交通出版社，2004年）；

（3）《湿陷性黄土地区建筑规范》（GB 50025—2004）；

（4）建筑行业相关规范。

9.2.1 ~ 9.2.5　在上覆土的自重压力下，受水浸湿发生湿陷，称自重湿陷性土。在上覆土的自重压力下，受水浸湿不发生湿陷，称自重非湿陷性土。这部分内容参考了《湿陷性黄土地区建筑规范》（GB 50025—2004）和《铁路桥涵地基和基础设计规范》（TB 10093—2017）的相关规定。

9.2.7　本条参考《公路地基处理设计施工实用技术》第 4 章第 2 节编写而成。本规范主要推荐换填法（垫层法）、强夯法、灰土挤密桩法三种，这些方法较为常用，此外，振冲法（适用于饱和黄土）、高压喷射注浆法也可用于黄土地基处理。关于黄土地基处理的设计和施工，除前述有关资料可作参考外，《建筑地基处理技术规范》（JGJ 79—2012）也适用于黄土地基处理的设计和施工。

一般地基处理费用较高，需要经过技术经济比较选择；采用加强上部结构、基础和处理地基相结合的综合方法较好。

9.3　陡坡地基与基础

9.3.1　本条界定了陡坡基础的范围，《公路工程地质勘察规范》（JTG C20—2011）中对将坡度 1:1.25 以上视为路基陡坡。路、桥统一也有利于勘察工作开展。而且，在桥涵范围内，将 1:1.25 视为陡坡也是适当的。

9.3.2　在陡坡地段不但要确定原坡体是稳定的，还要确保设置桥涵地基基础后，坡体仍是稳定的。因此，要对承受基础荷载作用的边坡进行稳定性和变形分析。桥涵位置的坡体一旦发生失稳问题，其后果比路基边坡更严重，因此，其安全系数需高于同一公路的路基边坡。表 9.3.2 是本规范规定的最低要求，具体安全系数取值还可由设计人员根据桥涵重要性结合当地经验施工提高。

在陡坡稳定性分析中，一般不考虑桥梁桩基的抗滑作用，原因有二：一方面，陡坡一旦滑动，滑坡范围可能远大于桩基所能支挡的范围，除非特殊设计，否则不考虑用桥梁桩基抵抗滑坡荷载；另一方面，边坡支挡与桥梁基础依据不同可靠度准则进行设计，除非进行了深入研究，否则不作混合设计。

如果桥涵基础所在坡体达不到安全要求，须用边坡支挡方式进行加固，避免在设计桩基时考虑下滑力影响。在位移无法避免的情况下，还需采用隔离的方法将基础侧面与陡坡坡面隔开。隔离可采用在基础侧面与陡坡坡面间放置低模量的柔性材料实现。

9.3.3 在陡坡区设置基础，基础荷载增加了坡体荷载，会降低坡体稳定性，但是如果基础底面高程设置在坡面一定深度以下，则基础荷载对边坡稳定性的影响可以忽略。本条规定了陡坡上基础埋置的最小深度，式（9.3.3）中土质地基埋深 H 是方形荷载 p 作用在弹性半无限空间体内，在坡面处产生的竖向附加应力小于 $0.01p$ 时对应的深度。

9.4 岩溶地基与基础

9.4.1 岩溶区的桥梁基础设计中，桩基础方案比较简单，如基桩奠基在稳定底板或完整基岩上，桥梁基础承载力和变形都有保障，因此桩基础方案应用最为广泛。但在稳定底板埋深很大、需穿过多层溶洞的情况下，施工困难、造价高、工期长的桩基方案就不是最优的选择。鼓励设计人员综合考虑上下部结构要求和地基条件选择最优的基础方案。

岩溶区桥涵地基基础设计的难点在于岩溶地质条件和水文地质条件复杂。大面积区域的岩溶发育和分布可能有一定规律，但就特定桥涵所在场地范围而言，有限的勘察工作很难揭示岩溶的发育和分布以及地下水文特征的规律性。因此，岩溶区地基基础的设计是一项地区性、经验性、个案性很强的工作。本条规定了岩溶区桥涵地基基础设计应该遵循的基本程序和原则，即：

（1）在顶板稳定性评价后进行基础设计；
（2）全程动态设计的原则；
（3）如需进行地基处理，需要尽量减小对地表、地下水通道的扰动。

9.4.2 岩溶顶板评价方法有定量和定性两类。对岩溶顶板稳定性的定量评价，虽有一些文献可以参考，总体上仍处于探索阶段。由于影响岩溶稳定性的因素很多，现行勘探手段一般难以查明岩溶特征，目前对岩溶稳定性的评价，仍然是以定性和经验为主。但因为岩溶塌陷对桥涵的影响巨大，无论是采用定性还是定量方法，都需要进行稳定性评价。对于评价结果不是"稳定"的，必须进行地基处治。

在处治方法上，将溶洞填充的方法过于粗暴，具备过水作用的空洞被填充后，会导致地表、地下水无法正常排除，从而引起其他问题。因此，在进行岩溶地基处治设计时，不仅要考虑承载因素，还必须考虑水文要求。

9.4.3 对以垂直发育为主的岩溶区域，其小桥涵采用浅基础是比较好的选择，可避免桩基施工困难，具有显著的经济和社会效益。在岩溶区桥涵扩大基础（刚性基础）地基承载力满足条件的情况下，也需选用配筋的板式整体基础，以减小基础基底应力，提高在岩溶可能不均匀变形时的稳定性。

9.4.4 岩溶区桥梁的桩基础需设置在一定厚度的岩溶顶板上时，目前一般认为基桩底部的溶洞顶板厚度不宜小于 3 倍桩径，如果多根桩落在同一溶洞顶板上时，或者溶洞跨度很大时，溶洞顶板的厚度要求还需要增加。本条仅仅是基桩底部溶洞顶板厚度的最低要求。

当基桩设置在溶洞顶板上时，注意保护桩端顶板的完整性，在满足荷载要求与最小嵌岩深度的同时，桩嵌岩深度需尽量减小。

岩溶区桥梁同一桥墩、桥台下多根基桩可能存在长短差异、桩端顶板厚度不同的问题，甚至部分基桩桩端存在溶洞，这些问题均可导致基桩荷载分配力不均、各基桩桩顶沉降不同的问题。如果不考虑这种差异，可能会造成严重的后果。因此，岩溶区的基础设计需要注意这个问题，适当提高承台承载力和刚度，或者采用其他加强结构的措施都是可以选择的解决方法。

9.5 挤扩支盘桩基础

9.5.1 挤扩支盘桩是 20 世纪 90 年代发明的一种新型桩基技术，目前已在工业与民用建筑、市政等领域中广泛应用，涵盖了国内 20 多个省市多种地质条件、多行业建筑构筑物荷载及变形条件，技术已较为成熟。本节是根据交通运输部行业标准《桥梁挤扩支盘桩》（JT/T 855—2013）、浙江省地方标准《公路桥涵挤扩支盘桩工程技术规范》（DB33/T 750—2009）的规定，结合近年来相关技术的发展成果总结制定的。

挤扩支盘桩设计考虑的因素中，支盘承载特征是支盘结构特征、盘底土压硬特征、盘周土被挤密后盘土受力特征的概括；荷载特征，是指支盘与土的承压受力不同于桩侧与土的摩擦受力，更适用于动载与静载同时存在的荷载特征；社会经济效益，是指对原材料节省、节能减排、提质增效、绿色交通品质工程的要求。

9.5.2 支、盘设置土层主要参考了《桥梁挤扩支盘桩》（JT/T 855—2013）的相关规定。2013 年该标准颁布后，挤扩支盘桩的工艺工法、设备挤扩能力、质量检验手段均有改进和完善，本规范适当增加了支、盘土层适用范围。西部高原有分布很厚的湿陷性黄土，水影响深度达不到的层位且土的承载性能很好时，也能够设置支、盘，并可通过挤扩挤密工艺改良土的湿陷性。

关于支长和盘环宽，一般与土层性质、设备能力和施工工艺有关，本规范参照《桥梁挤扩支盘桩》（JT/T 855—2013）规定了一个大致的范围。近年在公路工程的应用中，支盘设备及其挤扩工艺的改进实现了较大盘环宽和支长的设计，进一步提高了基桩承载能力，节省了原材料和投资。

根据挤扩工艺对支、盘承载性能的检验结果，需在挤扩支盘桩设计中标注增设支、盘的预留备用位置和数量，从而达到调控基桩承载力、控制基桩刚度的目的。

在冲积、洪积平原等土层交错较复杂地层中，支、盘持力层设计厚度受限。潮汕环线主要持力层为砂土、砾砂、圆砾，厚度在 3 ~ 4m 的情况很多，设置 2.5m 直径盘，盘环宽550mm，按6倍盘环宽控制持力层厚度为3.3m，通过静荷载试验，证明土层有效利用了有限设置支、盘的持力层。支、盘持力层可以为组合层，工程师选择的持力层承载性能较好而厚度不足，该层以及该层以下土可作为组合持力层，简称组合层。组合层可为两层土，也可为多层土。当承载土层为组合土层时，视组合层内土层承载性能差别，其承载力特征值考虑取该组合层中偏小值或平均值。

关于支、盘端进入持力层的深度，本规范对《桥梁挤扩支盘桩》（JT/T 855—2013）相关规定进行了调整，以盘高为基准。对密实的碎石土、风化土，目前挤扩支盘设备动力不足，不能进入相对深度，因此要求支、盘底部端承面全部进入该土层即可。潮汕环线项目2标韩江冲积地层广泛分布圆砾卵石层，标贯值大于80击，2018型3000S支盘设备进入该层1.5m，挤扩压力高达34MPa，承载力满足设计要求。

近些年，挤扩支盘桩在工业与民用建筑领域大量采用支结构，近期由于设备动力以及弓臂结构的优化，可在广泛分布的黏性土、粉土、风化土设置承力支，如在潮汕环线高速公路设置六星支。试桩桩身内力测试中，一个六星支相当于盘50%的承载力，变形小，早期刚度大。

支宽r_1是单支的宽度，取决于挤扩弓臂的宽度。对于黏性土，采用宽弓臂，叠加率大、支盘成形效果好，支宽一般为400～700mm；对于硬土层，采用窄弓臂，支宽一般为250～400mm。

9.5.3 本条规定的桩间距考虑了横向盘间受力的合理性以及盘间合理的施工间距。变桩径支盘桩的盘往往设置在较小直径段区间，更好地解决了横向盘间距问题，同时提供了盘环端承有效承载面积的增量。

9.5.4 本条相关公式遵循了本规范桩基承载力计算公式的原理，增加了支、盘的端阻承载力计算内容，将挤扩对承力支、盘端土的挤密增强效应作为储备。

由于在支、盘挤扩过程中能够获得土层的多种参数信息，经多年的积累和分析，本条文说明提出将式（9-1）、式（9-2）作为挤扩支盘桩单桩轴向受压承载力特征值校核验算公式，该公式在工业与民用建筑行业有较为广泛的应用。由于公路桥梁桩径大、盘径大，为进一步优化参数，建议对新的地区、新的桥型做静载试验及支、盘内力测试，以补充完善式（9-1）、式（9-2）的设计参数。

$$R_a = \frac{R}{K} \tag{9-1}$$

$$R = u\sum q_{ik}l_i + \sum A_{pj}q_{pkj} + A_p q_{pk} \tag{9-2}$$

式中：R——单桩竖向极限承载力；

　　　K——安全系数，可取2～2.5；

　　　q_{pkj}——桩身上第j个盘所支承的土的极限承载力标准值，该值取支、盘端土实测的承载力值，无实测值时取地勘资料提出的极限承载力标准值，地勘未提供支、盘端土极限承载力标准值，参考表9-1取值；

q_{pk}——桩端阻力极限值（kPa），见表9-1。

表9-1 桩端土极限承载力标准值 q_{pk}（kPa）

土的名称	第一指标	第二指标	第三指标	q_{pk}	
	土的状态	q_c	N	$5 < H \leq 20$	$H > 20$
黏性土	$0.75 < I_L \leq 1.00$	1 300 ~ 1 800	$3 < N \leq 10$	192 ~ 288	288 ~ 484
	$0.50 < I_L \leq 0.75$	1 600 ~ 2 500	$8 < N \leq 20$	288 ~ 484	484 ~ 700
	$0.25 < I_L \leq 0.50$	2 000 ~ 4 500	$15 < N \leq 30$	484 ~ 700	700 ~ 960
	$0 < I_L \leq 0.25$	4 500 ~ 8 000	$N > 30$	700 ~ 960	960 ~ 1 650
粉土	$0.95 < e_0 \leq 1.05$	1 300 ~ 2 000	$5 < N \leq 12$	192 ~ 288	288 ~ 484
	$0.85 < e_0 \leq 0.95$	2 000 ~ 5 000	$10 < N \leq 35$	484 ~ 600	600 ~ 960
	$0.75 < e_0 \leq 0.85$	5 000 ~ 8 000	$N > 35$	580 ~ 960	960 ~ 1 800
粉砂、细砂、中粗砂	稍密	3 000 ~ 6 000	$10 < N \leq 25$	480 ~ 720	720 ~ 960
	中密	6 000 ~ 12 000	$20 < N \leq 50$	960 ~ 1 200	1 100 ~ 1 780
	密实	> 12 000	$N > 50$	1 160 ~ 1 980	1 980 ~ 2 800
圆（角）砾、卵（碎）石	稍密	—	$10 < N_{63.5} \leq 25$	1 040 ~ 2 260	
	中密	—	$20 < N_{63.5} \leq 50$	2 060 ~ 2 800	
	密实		$N_{63.5} > 50$	2 560 ~ 3 500	
全风化 ~ 强风化	软质岩	—	$15 < N_{63.5} \leq 50$	960 ~ 2 220	
			$N_{63.5} > 50$	2 220 ~ 3 500	
中等风化 ~ 微风化	硬质岩	—	—	2 600 ~ 3 650	

9.5.5 挤扩过程中可以通过挤扩压力值、设备上抬值等指标获得土层的多种参数信息，进行支、盘承载性能检验，既检验了桩基承载力，又是对地质勘察资料的验证。如果检验结果表明桩基承载力不能满足要求，可以通过备用支、盘位置增加支、盘数量，或已有预设支改盘，以确保承载力满足设计要求。其中，预设支是设计的多个支中可改盘的支。

9.5.6 挤扩支盘桩以往多用于地下抗浮结构，例如地下室、地铁车站、市政水处理池等。式（9.5.6）基于工民建经验公式确定，来源于浙江省地方标准《公路桥涵挤扩支盘桩工程技术规范》（DB33/T 750—2009）。

9.5.7 地质层往往浅部地质条件差，不能提供水平承载条件，一般不考虑支盘部分的水平力作用。在需要提供较大水平抗力以满足抗震条件时，如桩身自身条件受限不能满足设计要求，且在土层浅部有较硬地层，可以在桩身上部设置较大承力支，一般为十字支、六星支、米字支，并通过试验确定其水平承载能力。

附录 B　浅层平板载荷试验要点

B.0.1　2007 版规范仅规定了天然地基和软土地基进行浅层平板载荷试验的最小荷载板面积。由于公路桥涵工程中地基处理应用日益广泛，有必要对处理后地基载荷试验的载荷板尺寸进行规范，以免使用尺寸过小的载荷板测试得到不准确的结果。对于采用复合地基处理的地基，确定复合地基的承载力时，载荷板的面积需覆盖一根桩加固的面积。

B.0.7　对于同一土层三个试验点的极差超过其平均值的 30% 的情况，2007 版规范没有规定如何进行处理。工程中发现对于极差超过规定的情况，有的做法简单地增加试验数量，然后将新老数据合并处理，但这种做法并不符合地基基础工程的特殊性。本条规定，试验点极差不满足要求时，除在试验方法、操作等方面找原因外，还要从地质角度分析原因，如果存在各试验点的测试地层并不相同的情况，则需要重新划分地基统计单元进行评价。

附录 H　冻土地基抗冻拔稳定性验算

设置在季节性冻土地区和多年冻土地区的墩台基础（包括桩基），如本规范图 H.0.2 所示，河床以下各层，有向上的切向冻胀力 T、向下的摩阻力 Q_{sk} 和向下的冻结力 Q_{pk}。基础埋置深度需要根据受力情况满足抗冻胀（拔）稳定要求。据黑龙江省调查结果，有不少小桥涵，尤其是其下部采用桩基础、空心板的小桥，冻胀上拔破坏的较多。因为小桥上部自重较轻，基础埋置也较浅，冻胀上拔力大于自重。为克服这种冻胀破坏，一是加深基础的埋置深度，二是加大上部自重。但对小桥涵结构来说，增大上部自重是困难的，通常是根据力的平衡条件，适当确定基础的埋置深度，并验算切向冻胀力和基础薄弱截面处的抗拉强度。

（1）墩台基础或桩基础切向冻胀力

表 H.0.1 季节性冻土切向冻胀力标准值 τ_{sk} 是黑龙江省交通科学研究所在安庆冻土科学试验场进行试验后得到的结果。在不同冻胀条件、冻胀率为 6%～28% 条件下，对 5 组 $d250mm$、3 组 $d370mm$、2 组 $d500mm$、2 组 $d750mm$、13 组 $d800mm$、2 组 $d1\,000mm$ 和 1 组 $d1\,250mm$（d 为桩直径），共 28 组桩的切向冻胀真形试验，在室内以三种不同的比例进行模型试验，以数十根冻拔桩进行验算取得大量数据，同时采用五种回归方法（直线、对数曲线、幂函数曲线、指数曲线和双曲线）进行数据分析，采用三种检验方法（相关系数、剩余平方和及相关指数）对方程进行检验，从中选出最佳的对数方程：

$$\tau_{sk} = 63.45\ln k_d - 2.38 \tag{H-1}$$

式中：τ_{sk}——单位切向冻胀力标准值（kPa）；

k_d——地基土冻胀率（%）。

桩径与单位切向冻胀力的关系如表 H-1 所示。

表 H-1　桩径与单位切向冻胀力关系表

桩径（mm）	500	750	1 000	1 250
切向冻胀力（kPa）	60	58	56	58
以 500mm 桩径为 1 的比值	1.00	0.97	0.93	1.00

表 H-1 表明，桩径对切向冻胀力影响很小，计算时可不考虑桩径对切向冻胀力的修正问题。

（2）抗冻拔稳定力

季节性冻土地基墩台基础（含条形基础）抗冻拔稳定按式（H.0.1-1）计算，抗冻拔稳定力包括基础上的结构自重 F_k、基础及其上土的自重 G_k 和融化层摩阻力 Q_s。多年冻土地基墩台基础（含条形基础）抗冻拔稳定按式（H.0.2-1）计算，抗冻拔稳定力除上述 F_k、G_k、Q_s 外，尚有多年冻土层冻结力 Q_p。

多年冻土地基桩（柱）抗冻拔稳定按式（H.0.3-1）计算，冻拔稳定力为桩（柱）顶的结构自重 F_r，桩（柱）自重 G_k 和桩（柱）在季节性冻深线以下各层土的摩阻力之和 Q_f，摩阻力标准值可从本规范表 6.3.3-1 和表 6.3.5-1 中选用。

（3）条形基础单位切向冻胀力

过去对长宽比较大的条形基础（长宽比大于或等于 10）缺乏研究，一般设计时均采用桩基切向冻胀力，实际上根据野外试验观测和理论分析，条形基础所受的切向冻胀力比相同条件下的桩基受到的切向冻胀力小。

如将条形基础取出 $D/2$ 的长度（图 H-1），则其与冻土接触的侧表面长度为 $2 \times D/2 = D$。设桩直径为 d，桩的周长为 πd。令 $\pi d = D$，即令桩的周长等于条形基础两侧面的长度。设冻深为 h，并设条形基础和桩基对冻土约束范围相等并为 l。于是，在设计冻深范围参与冻胀的土体积 V_1、V_2 如图 H-1 和式（H-2）、式（H-3）所示。

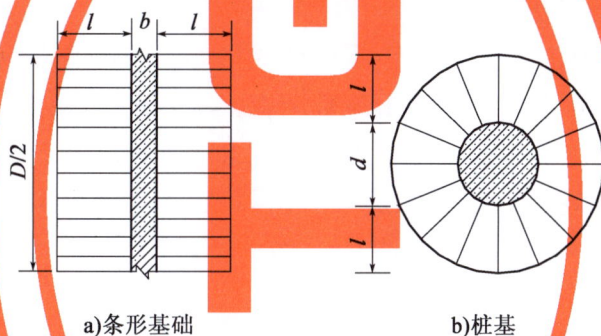

图 H-1 桩基和条形基础切向冻胀力平面示意（冻深 h 未示出）

b-条形基础宽度；$D/2$-条形基础截取长度；d-桩基直径，取为 $d=D/\pi$；l-条形基础或桩基对冻土约束范围

条形基础：
$$V_1 = h \cdot 2l \cdot \frac{D}{2} = hlD \tag{H-2}$$

桩基：
$$V_2 = \pi h (2l+d)^2 \cdot \frac{1}{4} - \pi h d^2 \cdot \frac{1}{4}$$

$$= \pi h (4l^2 + 2 \cdot 2ld + d^2) \cdot \frac{1}{4} - \pi h d^2 \cdot \frac{1}{4}$$

$$= \pi h l (l+d) = \pi h l^2 + \pi h l d$$

因 $D = \pi d$，

$$V_2 = \pi h l^2 + hlD \tag{H-3}$$

从式（H-2）和式（H-3）可知，在参与冻胀的土体积中，桩基 V_2 多一项 $\pi h l^2$。现场试验又表明，桩基影响冻胀范围 l 不仅超过冻深 h，而且还大于桩径 d 两倍以上，说明条基受到的切向冻胀力还不及桩基的一半。

（4）关于式（H.0.3-1）内桩（柱）自重标准值 G_k 和桩（柱）在最大季节冻深线

以下融化层中摩阻力 Q_s 的说明

本规范表6.3.3-1中，q_{ik} 是在试验荷载作用下测得的，没有包括桩身自重对摩阻力的影响。也就是说，在施加试验荷载之前，桩身自重已在地基中引起抗力。当灌注混凝土尚在流体状态时，其自重主要由桩端承受，当混凝土凝固后，主要由桩壁摩阻力承受。因此，验算桩抗拔时可以考虑桩身自重；在水位以下且桩端为透水土时，则需要考虑浮力而计算浮重度。

桩（柱）在最大季节冻深线以下的摩擦桩桩周摩阻力 Q_f 是抗冻胀的稳定力，在式（H.0.3-2）内乘以系数0.4。黑龙江省交通科学研究所结合实际工程，对用不同系数0.35、0.40、0.50计算桩入土深度与实际入土深度进行比较，结果表明，以系数0.50计算的桩的入土深度，不冻拔率为61%；以0.40计算的，不冻拔率为98%；以0.35计算的，不冻拔率为100%。最后采用系数0.40。

（5）防治或减小切向冻胀力可采取的措施

①采用粗砂、砾（卵）石等非冻胀性材料换填基础周围冻胀土。换填范围为0.5～1.0m，换填深度可取：冻胀、强冻胀地基换填75%设计冻深；特强冻胀换填90%设计冻深；极强冻胀换填全部设计冻深。

②将墩台身和基础侧面，在冻层范围内做成平整、顺畅的表面。

③在冻层范围内的墩台基础侧面上涂敷沥青、工业凡士林或渣油。

④基础可做成正梯形的斜面基础，斜面坡度（竖：横）大于或等于1:7［见《冻土地区建筑地基基础设计规范》（JGJ 118—2011）第5.1.4条第3款］。

附录 L　按 m 法计算弹性桩水平位移及作用效应

附录 L 沿用了 2007 版规范的规定，是根据《公路桥涵地基与基础设计规范》（JTJ 024—85）附录六"基础按 m 法的计算"内 $\alpha h > 2.5$（弹性基础）改写的，除对两层土 m 值换算计算方法及其桩身最大弯矩修正进行了改进外，其他内容不变，仅在文字上作较大简化，表达更为清晰。

L.0.1　对于桩的计算宽度，本规范的计算方法实质与 85 规范相同，对表达方式进行了简化，主要简化过程说明如下：

（1）对 $d \geqslant 1.0\mathrm{m}$ 的桩，85 规范采用式（L-1）计算单桩的计算宽度 b_1：

$$b_1 = k_\varphi k_0 b \tag{L-1}$$

式中：k_0——空间工作系数，按式（L-2）计算；

$$k_0 = 1 + \frac{1}{b} \tag{L-2}$$

　　k_φ——形状换算系数，圆形桩取 0.9，矩形取 1.0；

　　b——垂直于水平力作用方向的桩宽度。

将式（L-2）代入式（L-1），可得：

$$b_1 = k_\varphi(b+1) \tag{L-3}$$

85 规范规定，在垂直于水平力的作用方向，若存在多根桩，则将各单桩的计算宽度进行累加，得到多根桩总的计算宽度；若为水平力的作用方向上存在多根桩的情况，即为多排桩，85 规范又在式（L-1）的基础上引入桩间相互影响系数 k，得到：

$$b_1 = k k_\varphi k_0 b \tag{L-4}$$

k 采用式（L.0.1-4）计算，$k = b_2 + \dfrac{1-b_2}{0.6} \cdot \dfrac{L_1}{h_1}$。

对于单桩，不存在相互影响的问题，$k=1$；而对于 $L_1 \geqslant 0.6h_1$ 的多排桩，桩间也不会互相影响，故 $k=1$。

因此，85 规范计算 $d \geqslant 1.0$ 的单排桩、多排桩的通式为：

$$b_1 = k k_\varphi(b+1) \tag{L-5}$$

将 b 用 d 代替、k_φ 用 k_f 代替（f 为 figure 的首字母），即得到附录 L.0.1 中的

式（L.0.1-1）。

（2）对于 $d < 1.0$m 的桩，式（L-1）不适用，按式（L-6）计算：

$$b_1 = kk_f(1.5d + 0.5) \qquad (L-6)$$

式（L-6）即为本规范 L.0.1 中的式（L.0.1-2）。

（3）b_1 的计算值不得大于 $2d$，即 $b_1 \leqslant 2d$，其目的是避免计算宽度重叠。桩柱直径或宽度小于 1m 时，单根桩柱的计算宽度 b_1，对于矩形截面为 $(1.5b + 0.5)$ m；对于圆形截面为 $0.9(1.5d + 0.5)$ m。在垂直于外力作用方向的 n 根桩柱的计算总宽度，不得大于 $(B + 1)$ m，大于 $(B + 1)$ m 时按 $(B + 1)$ m 计算。相互影响系数可不考虑，即 $k = 1$。

L.0.2 关于多层地基当量 m 值的换算：

（1）多层地基横向受荷桩位移和内力精确计算方法

如图 L-1 所示，设桩侧土地基系数随深度线性增加。第一层土的地基比例系数为 m_1，土层厚 h_1，相应桩的变形系数为 α_1；第二层土的地基比例系数为 m_2，土层厚 h_2，桩的变形系数为 α_2。若桩径不变，则不同土层中桩的变形系数为：

$$\alpha = \sqrt[5]{\frac{m_i b_1}{EI}} \qquad (L-7)$$

式中：下标 i——第 i 层土；

$\quad\quad\ \ b_1$——桩的计算宽度；

$\quad\quad\ \ EI$——桩的抗弯刚度。

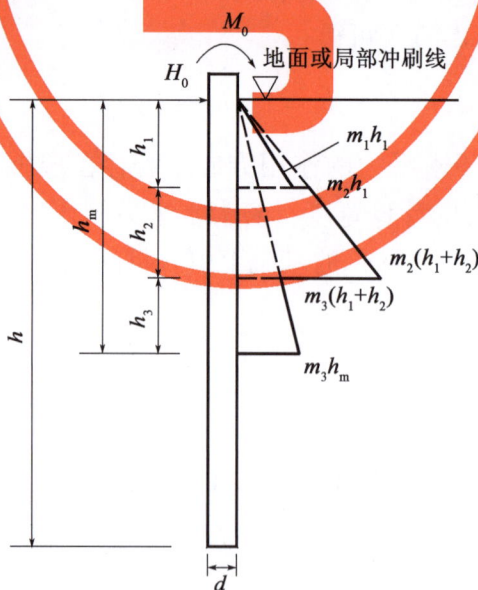

图 L-1 多层地基示意

则各土层内桩的内力及位移为：

$$x_{iz} = \alpha_{i0}A_1 + \alpha_{i1}B_1 + \alpha_{i2}C_1 + \alpha_{i3}D_1$$

$$\frac{\varphi_{iz}}{\alpha_i} = \alpha_{i0}A_2 + \alpha_{i1}B_2 + \alpha_{i2}C_2 + \alpha_{i3}D_2$$

$$\frac{M_{iz}}{\alpha_i^2 EI} = \alpha_{i0}A_3 + \alpha_{i1}B_3 + \alpha_{i2}C_3 + \alpha_{i3}D_3$$

$$\frac{Q_{iz}}{\alpha_i^3 EI} = \alpha_{i0}A_4 + \alpha_{i1}B_4 + \alpha_{i2}C_4 + \alpha_{i3}D_4$$

(L-8)

其中 $A_1 \sim D_4$ 为无纲量系数，$\alpha_{i0} \sim \alpha_{i3}$ 为待定常数，可根据边界条件和连续条件确定。对于双层地基，由此可得一个八阶线性方程组，联立求解即可得到桩身任意点的内力和位移。

（2）85 规范的多层地基横向受荷桩位移和内力简化计算方法

在缺乏相关软件的情况下，85 规范对单层地基的横向受荷桩位移和内力建立计算表格供设计人员使用，对于多层地基横向受荷桩的计算，通过将多层地基换算成单层地基而求得多层地基横向受荷桩位移和内力。由于单层地基的横向受荷桩位移和内力表格是准确的，因此，将此表格应用于多层地基，其准确性取决于多层地基 m 值的取值方法。为计算简便，85 规范给出的换算方法如下：

如图 L-1 所示，当基础侧面为多种不同土层时，将地面或局部冲刷线以下 h_m 深度内各土层 m_i 换算为一个当量 m 值作为整个深度的 m 值。换算前后地基系数图形面积在深度 h_m 内相等，以三层地基为例，可得：

$$\frac{1}{2}m_1h_1^2 + \frac{m_2h_1 + m_2(h_1 + h_2)}{2}h_2 + \frac{m_3(h_1 + h_2) + m_3h_m}{2}h_3 = \frac{mh_m^2}{2}$$

(L-9)

将 $h_m = h_1 + h_2 + h_3$ 代入上式，整理可得：

$$m = \frac{m_1h_1^2 + m_2(2h_1 + h_2)h_2}{h_m^2} + \frac{m_3(2h_1 + 2h_2 + h_3)h_3}{h_m^2}$$

(L-10)

若为两层地基，则令 $m_3 = 0$，可得：

$$\frac{1}{2}m_1h_1^2 + \frac{m_2h_1 + m_2(h_1 + h_2)}{2}h_2 = \frac{mh_m^2}{2}$$

(L-11)

$$m = \frac{m_1h_1^2 + m_2(2h_1 + h_2)h_2}{h_m^2}$$

(L-12)

在得到当量地基系数 m 后，采用单层匀质地基的精确解就可以得到桩顶位移与转角。该换算方法具有思想简单、易于推导的优点，易被广大设计人员掌握。

但是如果将式（L-9）变为下式：

$$\frac{1}{2}h_1^2m_1 + \frac{h_1 + (h_1 + h_2)}{2}h_2m_2 + \frac{(h_1 + h_2) + h_m}{2}h_3m_3 = m\frac{h_m^2}{2}$$

(L-13)

可以发现，这种换算方法实际上是按深度进行加权换算当量地基系数 m，即埋深越大的土体，其 m 值在桩的内力及位移计算中所起的作用越大。事实上，桩周土对抵抗水平力所起的作用与其本身的变形有关：土体压缩得越厉害，其抗力发挥的程度越大，

— 183 —

而自桩顶向下，桩的水平方向变形是越来越小的，土体埋深越大，土体对抵抗水平荷载的贡献则越低，其 m 值的大小也越不重要。在换算中，埋深越大的土体在换算中所应分配的权重应越低，因此本规范对比进行了修订。

（3）本规范的 m 值换算方法和桩身最大弯矩计算方法

考虑桩身位移的影响对 m 值进行换算是更科学的方法，本规范根据桩身位移挠曲线确定上下两层土的加权值，计算得到当量 m 值，再按照本规范采用单层地基的计算方法和数据表格得到的结果必然更准确 ［详见《双向地基横向受荷桩简化计算方法研究》（《公路交通科技》，2006 年第 12 期）］。该文献采用按桩身挠曲曲线的形状 ［图 L-2b）］ 与深度建立综合权函数计算当量 m 值，其权函数为：

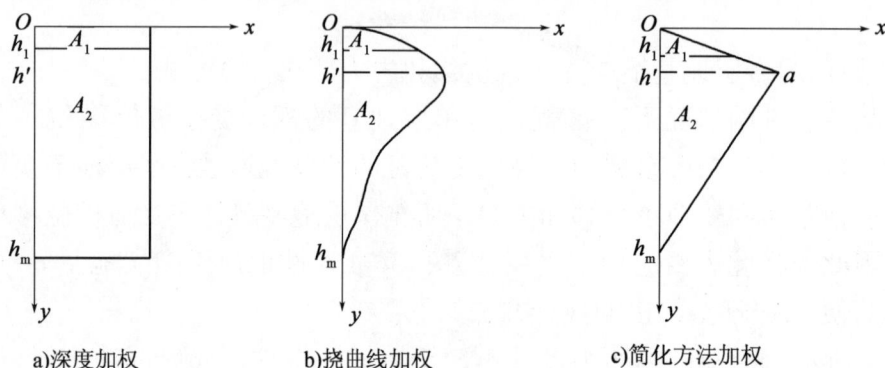

a)深度加权   b)挠曲线加权   c)简化方法加权

图 L-2　权函数比较

$$x_z = \left(1 - \frac{z}{h_m}\right)^n \frac{z}{h_m} \tag{L-14}$$

由此可得双层地基的当量 m 值为：

$$m = \beta^{n+1}\left[n + 2 - (n+1)\beta\right](m_2 - m_1) + m_1 \tag{L-15}$$

其中：

$$\beta = \begin{cases} 1 - \dfrac{h_1}{h_m} & h_1 < h_m \\ 0 & h_1 \geqslant h_m \end{cases} \tag{L-16}$$

尽管该法大幅提高了计算精度，但是采用该文献的换算方法需进行迭代计算，其过程复杂，不适合手算。因此本规范将权函数简化为一个三角形，如图 L-2c） 所示，换算深度为：

$$h_m = 2(d + 1)，且 h_m \leqslant h \tag{L-17}$$

权值最大点深度由式（L-11）可得：

$$h' = 0.2h_m \tag{L-18}$$

故双层地基当量 m 值为：

$$m = \frac{m_1 A_1 + m_2 A_2}{A_1 + A_2} \tag{L-19}$$

进一步简化可得 m 值的计算式为：

$$m = \gamma m_1 + （1 - \gamma） m_2 \tag{L-20}$$

其中：

$$\gamma = \begin{cases} 5\left(\dfrac{h_1}{h_m}\right)^2 & \dfrac{h_1}{h_m} \leqslant 0.2 \\[3mm] 1 - 1.25\left(1 - \dfrac{h_1}{h_m}\right)^2 & \dfrac{h_1}{h_m} > 0.2 \end{cases}$$

由式（L-20）得到的当量 m 值只能保证桩顶位移的计算精度，而桩身最大弯矩尚存在较大偏差，有必要对桩身最大弯矩进行进一步修正。修正公式为：

$$M_{max} = \xi M_{zmax} \tag{L-21}$$

式中：M_{zmax}——计算的桩身最大弯矩值；

ξ——最大弯矩修正系数，按下式计算：

$$\begin{cases} \xi = \dfrac{2\delta}{\delta + 2} \cdot \dfrac{h_1}{h_m} + 1 & \dfrac{h_1}{h_m} \leqslant \dfrac{1}{6}(\delta + 2) \\[3mm] \xi = \dfrac{2\delta}{\delta - 4} \cdot \dfrac{h_1}{h_m} + \dfrac{4 + \delta}{4 - \delta} & \dfrac{h_1}{h_m} > \dfrac{1}{6}(\delta + 2) \end{cases} \tag{L-22}$$

其中：

$$\delta = \frac{H_0}{H_0 + 0.1M_0} \lg \frac{m_2}{m_1} \tag{L-23}$$

该公式为回归公式，H_0 单位为 kN，M_0 单位为 kN·m。

（4）三层土的换算公式

h_m 内存在三层不同的土时，85 规范给出了以下换算公式：

$$m = \frac{m_1 h_1^2 + m_2(2h_1 + h_2)h_2 + m_3(2h_1 + 2h_2 + h_3)h_3}{h_m^2} \tag{L-24}$$

但是，实际工程中，$h_m = 2（d+1）$ m 多小于 6m，在局部冲刷线以下 6m 范围内很少存在三种以上土层，因此式（L-24）实际使用很少。因此本规范不再推荐三层土的换算公式。如果在工程中遇到 h_m 内存在三层不同土的情况，可视土质情况将上两层或下两层当作一种土层计算。

（5）算例

某圆截面桩桩径 $d = 1$m，地面处水平荷载 150kN，弯矩 $M_0 = 0$，桩身混凝土弹性模量 $E_c = 3.237 \times 10^7$ kN/m²。地基土表层为流塑状回填土，厚 2m，$m_1 = 3000$kN/m⁴，其下为硬塑状黏性土，$m_2 = 20000$kN/m⁴，如图 L-3 所示。

根据本规范给出的方法计算，可得：$h_m = 4$m，$h_1/h_m = 0.5$，$\delta = 0.824$。由式（L-20）得：$\gamma = 0.6875$，$m = 8312.5$ kN/m⁴。将此 m 值按单层地基计算可得：桩顶位移 $x_0 = 4.44$mm，桩身最大弯矩 $M'_{max} = 270.21$kN·m；由式（L-22）得：$\xi = 1.259$，再由式（L-21）得：$M_{max} = \xi M_{zmax} = 340.31$kN·m。以幂级数法、85 规范法、本规范法计算桩身挠曲曲线和桩身弯矩，如表 L-1 和图 L-4、图 L-5 所示。

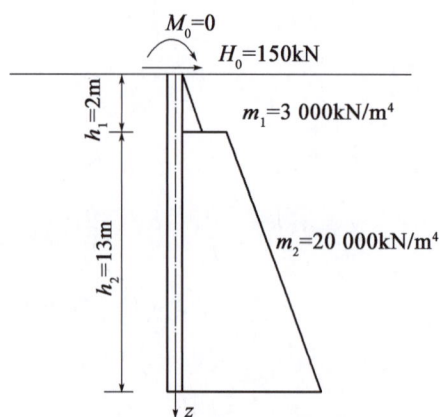

图 L-3 计算实例示意

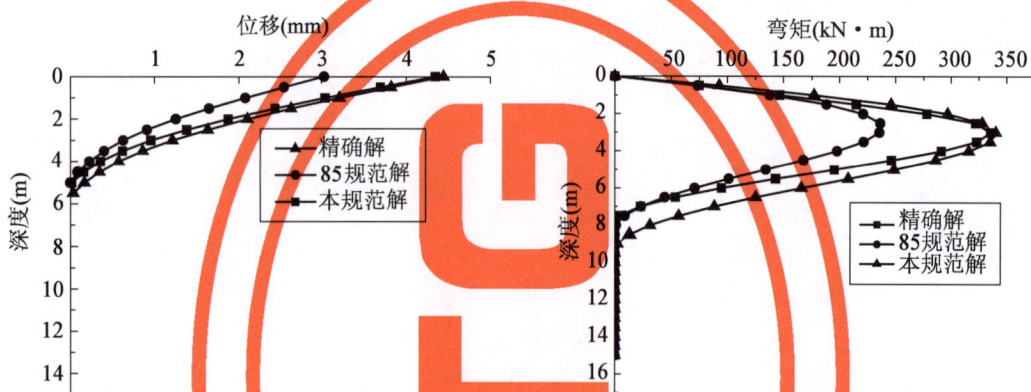

图 L-4 位移曲线

图 L-5 弯矩曲线

表 L-1 最大弯矩 M_{max} 及桩顶位移 x_0 比较表

项 目	幂级数解	85 规范解		本 规 范 解	
		结果	误差	结果	误差
x_0（mm）	4.35	3.02	−31.05%	4.44	2.01%
M_{max}（kN·m）	335.49	238.95	−28.78%	340.31	1.44%

L.0.6 ~ L.0.7 （1）表 L.0.6 和表 L.0.7 适用于对称布置的高桩承台竖直桩，其中表 L.0.6 适用于桩身无土侧压力的桩，表 L.0.7 适用于桩身有土侧压力的桩。表 L.0.7 中土侧压力仅外排桩承受，其余各排因有外排桩遮挡，不考虑承受土侧压力；如为梅花形布置桩，未被前面遮挡的桩应计入土侧压力（图 L.0.7）。

（2）不对称布置的高桩承台竖直桩，可根据表 L.0.6 和表 L.0.7 的说明，分别按第 L.0.7 条第 3 款第 1）项和第 2）项计算。桩身无土侧压力时，可按式（L.0.7-1）计算求解；桩身有土侧压力时，可按式（L.0.7-2）计算求解。

（3）当地面或最低冲刷线位于承台底以上，即为承台埋入土的低桩承台，此时将承台周围的土视作弹性介质，按第 L.0.7 条第 3 款第 3）项计算。由于承台已埋入土中，不考虑桩身承受土侧压力。

附录 P　沉井下沉过程中井壁的计算

　　附录 P 根据 2007 版规范第 6.3.2 条及其对应的条文说明改写，将沉井下沉过程中井壁的计算单列为一章附录，主要规定和计算方法不变，在文字上作相应调整，表达更为清晰。

　　P.0.1　由于支承条件的不确定性，底节沉井井壁的验算需要考虑不同的施工工艺可能引起的最不利支承情况。

　　1　当排水挖土下沉时，沉井的支承位置可以控制在受力最有利的范围内。对于圆端形或长方形沉井，当其长边大于 1.5 倍短边时，支承点可设于长边，两支点的间距等于 0.7 倍边长（图 P.0.1-1），以使支承处产生的负弯矩与长边中点处产生的正弯矩绝对值大致相等，并按此条件验算沉井自重所引起的井壁顶部或底部混凝土的抗拉强度。

　　2　当不排水挖土下沉时，因无法控制支点位置，可将底节沉井作为梁并按下列假定的不利支承情况进行验算。

　　（1）假定底节沉井仅支承于图 P.0.1-2 中长边的中心支点"2"上，两端悬空，验算由于沉井重力在长边中心支点附近最不利竖截面上所产生的井壁顶部混凝土抗拉强度。

　　（2）假定底节沉井支承于图 P.0.1-2 中短边的两端支点"3"上，验算由于沉井自重在短边中心支点处引起的刃脚底面混凝土的抗拉强度。

　　P.0.2　当沉井沉到设计高程而刃脚下的土已被淘空时，井壁上部可能被土层夹住，井壁下部处于悬挂状态，井壁中段就会产生最大的竖向受拉。本条只适用于沉井顶面与地面平齐的情况，若沉井露出地面以上，最大拉力的作用位置下移，且最大值减小。计算方法推导如下：

　　（1）等截面井壁

　　从井壁受竖向受拉的最不利条件考虑，假设摩阻力的分布如图 P-1 所示。

　　因
$$G_k = \frac{1}{2} q_d hu$$

　　所以
$$q_d = \frac{2G_k}{hu}$$

　　又
$$\frac{q_x}{x} = \frac{q_d}{h}$$

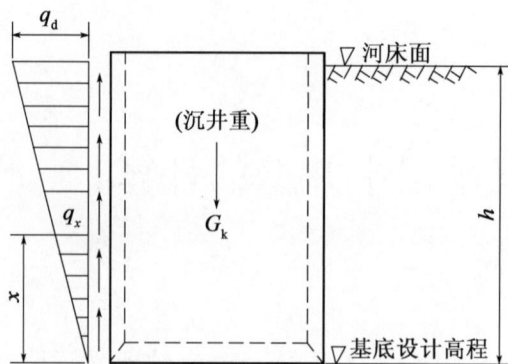

图 P-1　等截面沉井井壁竖向受拉计算图

所以
$$q_x = \frac{q_d}{h}x = \frac{2G_k}{hu} \cdot \frac{x}{h} = \frac{2G_k x}{h^2 u} \tag{P-1}$$

式中：G_k——沉井重力（kN）；

　　　u——井壁周长（m）；

　　　h——沉井入土深度（m）；

　　　q_d——作用于河床表面处的井壁上的单位摩阻力（kPa）；

　　　q_x——作用在距刃脚底面 x 高度处井壁上的单位摩阻力（kPa）。

井壁 x 处的拉力 P_x 等于 x 以下自重减去 x 高度内摩阻力，即：

$$P_x = \frac{G_k x}{h} - \frac{q_x x u}{2} = \frac{G_k x}{h} - \frac{2G_k x}{h^2 u} \cdot \frac{xu}{2} = \frac{G_k x}{h} - \frac{G_k x^2}{h^2} \tag{P-2}$$

为了求得 P_{max}，令 $\dfrac{\mathrm{d}P_x}{\mathrm{d}x} = 0$

即
$$\frac{\mathrm{d}P_x}{\mathrm{d}x} = \frac{G_k}{h} - \frac{2G_k x}{h^2} = 0$$

所以 $x = \dfrac{h}{2}$，将 x 代入式（P-2）得：

$$P_{max} = \frac{G_k}{h} \cdot \frac{h}{2} - \frac{G_k}{h^2}\left(\frac{h}{2}\right)^2 = \frac{G_k}{2} - \frac{G_k}{4} = \frac{1}{4}G_k \tag{P-3}$$

（2）台阶形井壁（图 P-2）

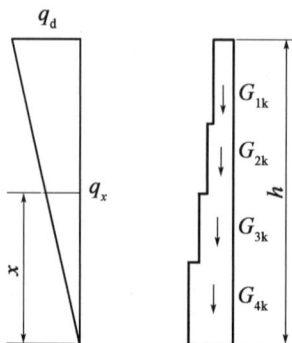

图 P-2　台阶形沉井井壁竖向受拉计算图

因
$$G_{1k} + G_{2k} + G_{3k} + G_{4k} = 0.5q_d hu$$

所以
$$q_d = \frac{2(G_{1k} + G_{2k} + G_{3k} + G_{4k})}{hu}$$

又
$$\frac{q_x}{x} = \frac{q_d}{h}, \quad q_x = \frac{x}{h}q_d$$

井壁 x 处拉力等于 x 范围内自重减去 x 范围内摩阻力，即：

$$p_x = G_x - \frac{1}{2}uq_x x \qquad (P\text{-}4)$$

对台阶形井壁，每段井壁都应进行拉力计算，然后取最大值。通过计算，说明最大拉力发生在各截面变化处。

P.0.3 沉井下沉至设计高程，刃脚下的土已被挖空，沉井井壁在水压力和土压力作用下井壁受最大水平力，此时把井壁作为水平框架，对刃脚根部以上高度等于井壁厚度 t 的一段井壁以及其余段井壁分别进行验算。

附录 Q   沉井下沉过程中刃脚的计算

附录 Q 根据 2007 版规范第 6.3.3 条及其对应的条文说明改写，将沉井下沉过程中刃脚的计算单列为一章附录，主要规定和计算方法不变，在文字上作相应调整，表达更为清晰。

Q.0.1   沉井在下沉过程中刃脚受力较大，需要进行承载能力验算。为方便计算，将沉井刃脚按悬臂梁和框架分别进行计算。

Q.0.2 ~ Q.0.3   刃脚视作悬臂梁计算时，其控制工况有两个：其一，刃脚内侧切入土中一定深度，刃脚作为向外弯曲的悬臂梁；其二，刃脚下的土已挖空，刃脚作为向内弯曲的悬臂梁。计算受力时需要注意，刃脚既视作悬臂梁，又视作一个封闭的水平框架（见本规范第 Q.0.4 条），因此作用在刃脚侧面上的水平力将两种不同作用共同承担，其分配系数见本规范第 Q.0.5 条。

Q.0.5   沉井刃脚一方面可看作固着在刃脚根部处的悬臂梁，梁长等于外壁刃脚斜面部分的高度；另一方面，刃脚又可看作为一个封闭的水平框架。因此，作用在刃脚侧面上的水平力将由两种不同的构件即悬臂梁和框架共同承担，也就是说，其中部分水平力竖向由刃脚根部承担（悬臂作用），部分由框架承担（框架作用）。按变形协调关系导出分配系数 α、β 的计算公式。该式适用于当内隔墙的刃脚踏面底高出外壁的刃脚踏面底不大于 0.5m，或者大于 0.5m 但有竖直承托加强的条件。否则，全部水平力都由悬臂梁即刃脚承担（即 $\alpha = 1$）。

附录 R 按支护结构与土体相互作用原理的水平土压力计算

当按变形控制原则设计支护结构时，作用在支护结构上的土压力按变形条件计算。

土的水平地基反力系数随深度增大的比例系数 m 应尽可能通过水平荷载试验确定。当无条件进行试验时，可根据经验取值。当无试验资料又缺乏经验时，可按表 R-1 选用。

表 R-1 m 值

地基土质情况	m 值（kN/m^4）
$I_L \geq 1.0$ 的黏性土，淤泥	1 000～2 000
$0.5 \leq I_L < 0.5$ 的黏性土，粉砂	2 000～4 000
$0 \leq I_L < 0.5$ 的黏性土，中、细砂	4 000～6 000
$I_L < 0$ 的黏性土，粗砂	6 000～10 000
砾石、砾砂、碎石、卵石	10 000～20 000

注：1. I_L 为黏性土的液性指数。
2. 地下连续墙在计算土体面或开挖面处的水平变位大于 10mm 时，取表中较小值。

黏性土（特别是软塑和流塑的黏性土）具有蠕变效应。蠕变效应影响土压力值，图 R-1 给出了黏性土蠕变效应引起的土压力滞后作用示意图。对于非开挖侧的某一土体单元，如果在前一阶段发生了从 A 到 B 的向开挖侧位移，而若在下一阶段该土体单元向相反的非开挖侧方向移动，则其土压力模式重新建立，即直线 BC。黏性土体的蠕变特性与基坑开挖及内支撑施工流程、被动区土体应力水平、土体含水率变化等因素密切相关，准确掌握土体的蠕变作用具有较大的现实难度。计算中根据可靠方法或经验考虑土压力的蠕变效应对支护结构受力和变形的影响。

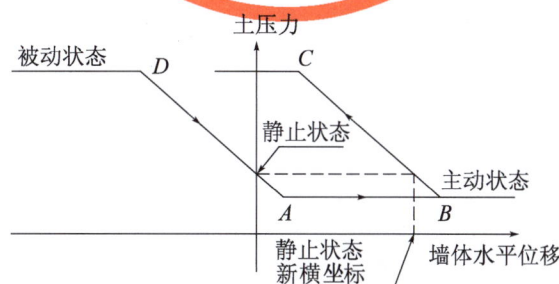

图 R-1 土压力滞后作用示意

附录 S　直线形地下连续墙支护结构计算

当采用弹性地基梁法计算地下连续墙土压力、内力和变形时，按下列步骤进行迭代计算：

（1）初始状态假设墙体的水平变形为0，按式（R.0.1-1）计算墙两侧水平土压力强度；

（2）计算墙体的水平变形；

（3）用求得的墙体水平变形再按式（R.0.1-1）计算墙两侧水平土压力强度；

（4）用新求得的墙两侧水平土压力强度，再按上述步骤计算结构内力和变形；

（5）重复（3）和（4）的步骤进行计算，直至相邻两次计算变形的差值足够小时为止。

附录 T　圆形地下连续墙支护结构计算

T.0.2　一道内环梁或内衬的有效截面面积 A_z 为设计截面面积考虑施工偏差导致截面削弱后的平面有效"真圆环"截面面积。截面削弱主要指内环梁或内衬的水平圆环宽度的折减。影响因素主要包括：由多段直线形槽段组成的多边形地下连续墙导致内环梁或内衬水平圆环外边理论"真圆"的折减、地下连续墙槽段竖直度施工误差引起墙段间错台导致内环梁或内衬水平圆环外边线的偏移、内环梁或内衬自身的平面施工误差导致理论"真圆"的折减。

T.0.3　地下连续墙墙体有效厚度 d 为设计厚度考虑施工偏差后的平面有效"真圆环"厚度。影响因素主要包括：由多段直线形槽段组成的多边形地下连续墙导致理论"真圆"墙体厚度的折减、槽段竖直度施工误差引起墙段间错台导致墙体厚度的折减。

　　式（T.0.3）中的修正系数 α 主要考虑墙段间存在的泥皮对圆形地下连续墙墙体环向受压刚度的削弱。槽段混凝土是分期浇注的，由于采用泥浆护壁，二期槽段浇注时，在一、二期墙段间必然存在一定厚度的泥皮。基坑开挖时，外侧水土压力作用导致墙体环向受压，泥皮在压力作用下产生变形，从而削弱了墙体的环向刚度。圆形地下连续墙直径越大、槽段接头数越多、泥皮厚度越大，则削弱程度越大。削弱程度的取值，与施工单位的技术水平、经验密切相关，需要根据工程具体情况研究采用。武汉阳逻大桥南锚碇基础圆形地下连续墙支护结构受力计算中，采用了法国基础公司根据其多年经验提供的建议方法对 α 值进行了计算，算得 α 为 0.417。根据信息化施工监测结果，墙体受力及变形状态与计算结果非常吻合。武汉阳逻大桥南锚碇基础圆形地下连续墙支护结构外径达 73m，墙厚 1.5m，最大墙深约 61m，最大开挖深度约 45m，已达相当规模。因此，本条取用 α 低限值为 0.4，该值的适用范围能够包括一般情形下的圆形地下连续墙支护结构。α 高限值取 0.7 主要参考了《港口工程地下连续墙结构设计与施工规程》（JTJ 303—2003）。